Luis Enrique Sánchez

avaliação de
impactos
cumulativos

Copyright © 2023 Oficina de Textos

Grafia atualizada conforme o Acordo Ortográfico da Língua Portuguesa de 1990, em vigor no Brasil desde 2009.

CONSELHO EDITORIAL Aluízio Borém; Arthur Pinto Chaves; Cylon Gonçalves da Silva; Doris C. C. K. Kowaltowski; José Galizia Tundisi; Luis Enrique Sánchez; Paulo Helene; Rozely Ferreira dos Santos; Teresa Gallotti Florenzano

CAPA E PROJETO GRÁFICO Malu Vallim
DIAGRAMAÇÃO Victor Azevedo
FOTO CAPA romulogferreira (www.flickr.com)
PREPARAÇÃO DE FIGURAS Victor Azevedo
PREPARAÇÃO DE TEXTO Natália Pinheiro Soares
REVISÃO DE TEXTO Anna Fernandes
IMPRESSÃO E ACABAMENTO Mundial gráfica

Dados Internacionais de Catalogação na Publicação (CIP)
(Câmara Brasileira do Livro, SP, Brasil)

Sánchez, Luis Enrique
  Avaliação de impactos cumulativos / Luis Enrique Sánchez. -- São Paulo, SP : Oficina de Textos, 2023.

  Bibliografia.
  ISBN 978-85-7975-357-2

  1. Ecossistemas 2. Impacto ambiental - Avaliação 3. Meio ambiente I. Título.

23-167277   CDD-363.7

Índices para catálogo sistemático:
1. Avaliação : Impacto ambiental : Gestão ambiental 363.7

Tábata Alves da Silva - Bibliotecária - CRB-8/9253

Todos os direitos reservados à OFICINA DE TEXTOS
Rua Cubatão, 798
CEP 04013-003 São Paulo-SP – Brasil
tel. (11) 3085 7933
site: www.ofitexto.com.br
e-mail: atend@ofitexto.com.br

Para as futuras gerações

AGRADECIMENTOS

O conhecimento é sempre uma construção coletiva. É da interação entre estudantes, profissionais e pesquisadores que nascem interrogações, e é das tentativas de explicitar problemas e explicar conceitos, técnicas e procedimentos que ideias vão se tornando mais claras.

Três ex-doutorandas, em diferentes momentos dos últimos quinze anos, tiveram papel muito importante como interlocutoras do tema avaliação de impactos cumulativos, contribuindo para superar desafios de sua aplicação prática e refinar conceitos: Ana Claudia Neri, Ana Paula Alves Dibo e Juliana Siqueira-Gay. A elas agradeço a oportunidade de conversas que aprofundaram a discussão de conceitos e a investigação de métodos de avaliação de impactos cumulativos.

A atuação de Ana Claudia foi primordial para a efetivação de diversas aplicações práticas da avaliação de impactos cumulativos, viabilizando o "aprender fazendo". Os desafios propostos pelo Centro de Apoio Operacional do Meio Ambiente do Ministério Público do Estado de Minas Gerais, trazidos por Carlos Eduardo Ferreira Pinto e Andressa de Oliveira Lanchotti, propiciaram campos de aplicação desafiadores. Ana Claudia conduziu a navegação pelas águas dessas aplicações práticas, sempre mantendo o rumo e, não menos importante, a conexão com o arcabouço conceitual da avaliação de impactos cumulativos. Ana Paula mergulhou a fundo nos conceitos e preceitos e investigou as dificuldades de fazer a avaliação de impactos cumulativos na prática, interagindo com profissionais e captando importantes lições aprendidas. Juliana fez avançar as fronteiras do conhecimento e demonstrou que a avaliação de impactos cumulativos não precisa, e não deve, ficar amarrada a procedimentos formais de avaliação de impactos ou de licenciamento.

Agradeço ao WWF-Brasil e ao Ministério Público do Estado do Paraná pela autorização de reprodução de figuras, e à equipe da Oficina de Textos que, como sempre, foi precisa, pontual e competentíssima.

Por fim, o mais importante. Minha esposa Solange não somente foi a principal incentivadora deste livro, como também fez leitura atenta e crítica de sucessivas versões de capítulos ainda inacabados, identificando todo tipo de problema, de simples erros de digitação a repetições de ideias, lacunas significativas e explicações opacas. Espero ter resolvido as questões mais graves, deixando aos leitores a tarefa de apontar o que precisa ser melhorado.

SUMÁRIO

Introdução 9

1 Conceitos e definições 13
1.1 Conceito de impactos cumulativos 14
1.2 Tipos de impactos cumulativos 18
1.3 Processos de acumulação 21
1.4 Componentes selecionados 26
1.5 Avaliação de impactos de projetos e avaliação de impactos cumulativos 30
1.6 Pontos de destaque 32

2 Enfoques da avaliação de impactos cumulativos 34
2.1 Abrangência da avaliação de impactos cumulativos 35
2.2 Avaliação de impactos cumulativos da totalidade de um projeto 38
2.3 Avaliação de impactos cumulativos na avaliação de impactos de um projeto ... 40
2.4 Avaliação de impactos cumulativos de projetos múltiplos e de âmbito regional ... 44
2.5 Avaliação de impactos cumulativos de projetos pioneiros 51
2.6 Qual o enfoque mais adequado para uma avaliação de impactos cumulativos? ... 53
2.7 Pontos de destaque 58

3 Metodologia geral de avaliação de impactos cumulativos 60
3.1 Definição do escopo 68
3.2 Diagnóstico focado e estabelecimento da base de referência 70
3.3 Análise de impactos 73
3.4 Desenvolvimento de medidas de mitigação e gestão 74
3.5 Acompanhamento e gestão 75
3.6 Pontos de destaque 77

4 Planejamento da avaliação de impactos cumulativos 78
4.1 Delineamento do contexto geral do estudo 79
4.2 Seleção de componentes 83
4.3 Seleção de projetos e demais indutores de mudança 95
4.4 Definição do horizonte temporal e da área de estudo 103

4.5	Definição de cenários	106
4.6	Engajamento de partes interessadas	108
4.7	Pontos de destaque	110

5 Estabelecimento da base de referência para avaliação de impactos cumulativos ... 112

5.1	Base de referência para avaliação	113
5.2	Diagnóstico analítico com foco nos componentes selecionados	115
5.3	Diagnóstico complementar	117
5.4	Diagnóstico integrado	121
5.5	Avaliação de âmbito regional	125
5.5	Estudos retrospectivos	129
5.6	Pontos de destaque	131

6 Análise de impactos cumulativos ... 132

6.1	Cenários de avaliação	134
6.2	Identificação de impactos	139
6.3	Previsão de impactos	148
6.4	Determinação da significância de impactos	171
6.5	Pontos de destaque	178

7 Mitigação de impactos cumulativos, acompanhamento e gestão ... 180

7.1	Desenvolvimento de medidas de mitigação e gestão	182
7.2	Acompanhamento e gestão	194
7.3	Pontos de destaque	202

Glossário ... 203

Referências bibliográficas ... 209

Índice remissivo ... 222

Fluxograma da metodologia geral para avaliação de impactos cumulativos
Disponível na página do livro
<www.ofitexto.com.br/avaliacao-impactos-cumulativos/p>.

INTRODUÇÃO

Faz mais de 50 anos que a qualidade do ambiente em que vivemos se tornou tema de política global. Na Conferência das Nações Unidas sobre Meio Ambiente, realizada em Estocolmo em junho de 1972, a poluição do ar, das águas doces e dos oceanos estava entre os principais temas de debate. Hoje, a agenda ambiental não somente é muito mais vasta, como também os efeitos da ação humana sobre o planeta se acumulam em ritmo crescente. A perda acelerada de biodiversidade terrestre e marinha e as mudanças climáticas são exemplos de impactos de abrangência global, mas impactos cumulativos são observáveis em todas as escalas.

Impactos cumulativos resultam de um conjunto de ações humanas, inclusive aquelas que, individualmente, causam impacto mínimo. Por exemplo, as maiores fontes de emissão de gases de efeito estufa, como as grandes usinas térmicas a carvão, individualmente emitiram uma pequena fração das 59 bilhões de toneladas de gás carbônico lançadas à atmosfera em 2019 (IPCC, 2022). A maior fonte emissora nesse ano foi uma usina termoelétrica na Polônia, com 37,6 milhões de toneladas (Grant; Zelinka; Mitova, 2021), apenas 0,064% das emissões globais. Porém, com o contínuo aumento das emissões de gases de efeito estufa de uma imensa quantidade de fontes, foi alterado o ciclo planetário do carbono, ou seja, os fluxos desse elemento entre oceanos, biosfera e atmosfera, entre seres vivos e o meio físico.

No livro *Uma Terra somente*, encomendado pelo secretário-geral da Conferência de Estocolmo, Maurice Strong, como referência factual e conceitual para o evento, Ward e Dubos já alertavam:

> Os cientistas estão voltando sua atenção para os pontos nos quais a ação humana, não importa quão minúsculos pareçam seus efeitos face à escala do sistema energético planetário, pode desencadear mudanças que alteram o balanço da gangorra. [...] Dentro da enorme gama de atividades

do homem tecnológico, três pontos de alavancagem parecem ser suficientemente sérios para despertar preocupação real. O primeiro é o papel do dióxido de carbono [...]. A concentração crescente na atmosfera significa que, às taxas atuais, a temperatura da Terra poderia subir de 0,5 °C no ano 2000 (Ward; Dubos, 1972, p. 192-193).

O Acordo de Paris, tratado firmado por 196 países durante a 21ª Conferência das Partes da Convenção-Quadro sobre Mudança do Clima das Nações Unidas em 2015, preconiza a limitação do aumento da temperatura média em 1,5 °C até o final do século, meta difícil de ser alcançada. Em 2022, a Organização Meteorológica Mundial reportou que a temperatura média do planeta chegou a 1,15 [1,02 a 1,28] °C acima da média do período 1850-1900 (WMO, 2023), certamente um exemplo candente de impacto cumulativo da ação humana sobre o clima.

Em dezembro de 2022, a 15ª Conferência das Partes da Convenção sobre Diversidade Biológica, tratado internacional firmado em junho de 1992 no Rio de Janeiro, durante a Conferência das Nações Unidas sobre Meio Ambiente e Desenvolvimento, concluiu o Marco Global de Biodiversidade. Esse documento reconhece "a contínua perda de biodiversidade e a ameaça que representa para a natureza e o bem-estar humano" (CBD, 2022, p. 2) e estabelece 23 metas para 2030, dirigidas a governos e à sociedade. Entre elas, as metas 2 e 3 preconizam que, em 2030, pelo menos 30% da área degradada de ecossistemas terrestres, de águas interiores, costeiros e marinhos devem estar em processo de "efetiva restauração" e pelo menos 30% da área desses ecossistemas, especialmente áreas de particular importância para a biodiversidade e manutenção das funções e serviços ecossistêmicos, devem estar efetivamente conservados e ser manejados por meio de sistemas de áreas protegidas e outras medidas de conservação, reconhecendo e respeitando os direitos de povos indígenas e comunidades locais.

O documento também clama pela redução dos riscos e impactos da poluição a níveis que não sejam danosos à biodiversidade, "considerando efeitos cumulativos" (meta 7). Avaliações de impacto, estratégicas e de projetos são ferramentas para promover a "plena integração da biodiversidade e seus valores" (meta 14) e atingir os objetivos do Marco Global da Biodiversidade.

Soluções coletivas para combater as mudanças climáticas e as perdas de biodiversidade em escala global são extremamente difíceis, mas são factíveis e requerem ação local. Evitar ou reduzir impactos cumulativos está ao nosso alcance, particularmente em escala local e regional. As decisões sobre projetos de desenvolvimento, uso da terra e ordenamento territorial podem (e devem) levar em conta os impactos cumulativos sobre recursos ambientais, saúde e segurança das comunidades e modos de vida de populações tradicionais, evitando que impactos adversos ultrapassem limiares perigosos ou pontos sem retorno. Nesse campo se situa a avaliação de impactos cumulativos.

Construir uma pequena central hidrelétrica pode causar impacto mínimo aos ecossistemas de uma bacia hidrográfica, mas um conjunto de centrais distribuído nos principais rios pode modificar completamente a biota (Couto; Olden, 2018). Se os impactos de cada projeto forem avaliados individualmente, sem considerar os impactos de outros projetos, similares ou não, a eventual decisão de aprovação do primeiro projeto terá sido muito mal informada. Um estudo realizado na China em uma bacia com várias pequenas e grandes centrais encontrou que, por unidade de potência instalada, pequenas barragens geram impactos cumulativos biofísicos maiores que as grandes barragens (Kibler; Tullos, 2013).

A avaliação de impactos é uma disciplina e uma prática que nasceu no momento em que era preparada a Conferência de Estocolmo, com a função de informar processos decisórios sobre projetos, planos, programas e políticas, visando a sustentabilidade. Para isso, a avaliação de impactos envolve diversas atividades, como o engajamento de comunidades e partes interessadas, a realização de diagnósticos, o desenvolvimento e comparação de alternativas, a previsão de impactos e avaliação de sua significância, a interação com as equipes de projeto e de planejamento para encontrar soluções que evitem ou minimizem impactos significativos, a proposição e estudo de medidas mitigadoras, a comunicação, entre várias outras.

A avaliação de impacto ambiental e social de projetos, que será chamada de AIA de projetos ou simplesmente AIA, em geral aborda os impactos cumulativos de modo superficial, quando não os ignora totalmente. Em uma enquete com mais de 400 pesquisadores e profissionais brasileiros de AIA, incluindo consultores, analistas de órgãos públicos e outros, mais de 60% percebem a avaliação de impactos cumulativos como insatisfatória e necessitando de muitos aprimoramentos (Duarte *et al.*, 2017).

A prática da avaliação de impactos cumulativos (AIC) é insatisfatória por diversos motivos. Há dificuldade de obter informação sobre outros projetos que poderão afetar a mesma área (por exemplo, outras pequenas centrais hidrelétricas na mesma bacia) ou sobre dados de monitoramento ambiental de empreendimentos em operação na área. Ademais, ao preparar termos de referência para um estudo de impacto ambiental (EIA), os órgãos ambientais raramente contemplam a avaliação de impactos cumulativos. É oportuno destacar desde já que apontar, em um EIA, que determinado impacto tem "propriedades cumulativas e sinérgicas" não é uma avaliação de impactos cumulativos.

Nos Estados Unidos, a disseminação de estudos ambientais simplificados (denominados *environmental assessments*) em detrimento de um EIA é apontada como um dos fatores a exacerbar impactos cumulativos (USCEQ, 1997, p. 4), que seriam insuficientemente avaliados. A simplificação da AIA atualmente em curso em vários países (Fischer *et al.*, 2023) pode "esconder" impactos cumulativos, mas não diminui a importância nem a crescente necessidade de avaliá-los e mitigá-los.

Finalmente, outros motivos da insuficiência ou da falta de avaliações de impactos cumulativos são a carência ou pouca disseminação de guias práticos e a geralmente baixa capacitação dos profissionais de avaliação de impactos para lidar com impactos cumulativos.

Com este livro, pretende-se contribuir para cobrir essas últimas lacunas, fornecendo bases conceituais para a prática da avaliação de impactos cumulativos (Cap. 1), explanação sobre diferentes modalidades da AIC (Cap. 2), metodologia geral para planejamento (Cap. 3) e realização (Caps. 4 a 6) de uma AIC e para mitigação de impactos cumulativos (Cap. 7).

Cada capítulo termina com uma pequena lista de pontos de destaque, que são mensagens fundamentais sobre seu conteúdo. Um glossário de termos específicos da avaliação de impactos cumulativos completa a obra. São mencionados diversos casos e exemplos. A menção a projetos ou estudos ambientais é feita apenas com a função de exemplificar a aplicação de conceitos ou de ilustrar aplicações práticas da avaliação de impactos cumulativos, e não constitui nenhuma forma de endosso ou de recomendação.

CONCEITOS E DEFINIÇÕES

1

Neste capítulo são estabelecidas as bases conceituais da avaliação de impactos cumulativos (AIC). Inicialmente, são passadas em revista diversas definições de impacto cumulativo. Em seguida, são explicados os dois principais *tipos* de impactos cumulativos, os aditivos e os sinérgicos, e apresentados os principais *processos* de acumulação, ou seja, como os impactos se acumulam em determinados receptores, ou componentes ambientais e sociais. Um aspecto fundamental da AIC é que ela deve ser limitada a um pequeno número de receptores de impactos, denominados *componentes selecionados,* cujo conceito é explorado neste capítulo. Por fim, são apresentadas as principais diferenças entre a avaliação de impactos de projetos e a AIC.

1.1 Conceito de impactos cumulativos

Literatura acadêmica e guias técnicos apresentam diversas definições de impactos cumulativos. Uma das primeiras é encontrada no regulamento sobre avaliação de impacto ambiental do Conselho de Qualidade Ambiental dos Estados Unidos (*United States Council of Environmental Quality*, USCEQ), originalmente de 1978 e atualizado em 2022:

> O impacto no meio ambiente que resulta dos impactos incrementais da ação [do projeto avaliado] quando somado a outras ações do passado, do presente e de um futuro razoavelmente previsível, independentemente de qual [empreendedor] agência (governamental ou não) ou pessoa inicie tais ações (USCEQ, 2022, trechos entre colchetes acrescentados para aproximar o texto da terminologia mais usada no Brasil).

Essa definição trouxe elementos que até hoje são centrais em AIC: um impacto cumulativo é resultante de um conjunto de ações humanas realizadas ao longo do tempo, incluindo tanto aquelas realizadas no passado – cujos efeitos persistem no presente – quanto as empreendidas na atualidade e também as que poderão ser realizadas no futuro. Como a avaliação de impactos é uma atividade que visa antecipar quais serão as consequências futuras de decisões tomadas hoje, para avaliar impactos cumulativos é preciso prospectar outras ações futuras, além do projeto em avaliação, e que também poderão causar impactos.

A Agência de Proteção Ambiental dos Estados Unidos (*Environmental Protection Agency*, EPA), em um documento de orientação para análise técnica de um EIA, explica impactos cumulativos da seguinte forma:

> Impactos cumulativos ocorrem quando os efeitos de uma ação são adicionados ou interagem com outros efeitos em um certo lugar e em certo período. É a combinação desses efeitos, e qualquer degradação ambiental resultante, que deveria ser o foco da análise de impactos cumulativos. Impactos podem ser diferenciados em diretos, indiretos e cumulativos. O conceito de impactos cumulativos leva em conta todas as perturbações, uma vez que impactos cumulativos são os efeitos compostos de todas as ações ao longo do tempo (USEPA, 1999, p. 2).

É importante notar que o "foco" da avaliação é a degradação ambiental resultante da combinação dos efeitos de múltiplas ações; assim, o que interessa em AIC são os impactos "de todas as ações ao longo do tempo". Essas ações podem ou não ser sujeitas a alguma forma de regulação ambiental, como licenciamento, outorgas de recursos hídricos ou autorizações de supressão de vegetação nativa. A EPA também menciona que esses efeitos "são adicionados ou interagem", diferenciação também abordada na definição de Broderick, Durning e Sánchez (2018, p. 650), para quem existem impactos

> que resultam de efeitos aditivos causados por outras ações do passado, do presente ou razoavelmente previsíveis junto com o projeto, plano ou programa em análise, e de efeitos sinérgicos que resultam da interação entre os efeitos de um projeto, plano ou programa sobre diferentes componentes do ambiente.

Observa-se aqui a diferenciação entre dois principais tipos de impactos cumulativos, os aditivos e os sinergísticos ou sinérgicos. Essa distinção também é apresentada em textos mais antigos. Spaling (1994, p. 232), por exemplo, define impactos cumulativos como "acumulação de mudanças nos sistemas ambientais ao longo do tempo e do espaço, de maneira aditiva ou interativa".

Em síntese, impactos cumulativos formam uma categoria geral dentro da qual há dois tipos, os impactos aditivos e os impactos sinérgicos (também chamados de interativos ou combinados). Portanto, a expressão "impactos cumulativos e sinérgicos" (usual no Brasil, mas não em Portugal e em outros países de língua portuguesa) não corresponde ao conceito vigente nos meios acadêmicos e profissionais internacionais, uma vez que impactos sinérgicos são impactos cumulativos, da mesma forma que impactos aditivos são impactos cumulativos.

Tal distinção também está presente no Manual de Avaliação de Impactos Cumulativos da Corporação Financeira Internacional (*International Finance Corporation*, IFC), um ramo do Banco Mundial especializado no financiamento de projetos do setor privado, embora com outros termos:

> Impactos cumulativos são aqueles que resultam de efeitos sucessivos, incrementais e/ou combinados de uma ação, projeto ou atividade quando somada a outras existentes, planejadas e/ou razoavelmente antecipadas (IFC, 2013, p. 19).

Aqui, os efeitos podem ser "sucessivos", ou seja, ao longo do tempo; "incrementais", que vão se acumulando, ou somando, pouco a pouco; ou "combinados", que é outra forma de se referir a impactos sinérgicos. Nessa definição também se observa o uso da fórmula "existentes, planejados e/ou razoavelmente antecipados", já presente, de maneira um pouco distinta, na definição do Conselho de Qualidade Ambiental dos Estados Unidos de 1978. Esse é um aspecto importante do conceito de impacto cumulativo. Para aplicá-lo na prática, é preciso arbitrar o que se pode considerar como "razoavelmente antecipado" (ou "razoavelmente previsível"), assunto que será abordado no Cap. 2. Essa expressão está presente em definições propostas por outros autores, a exemplo de Ross (1994), que define impacto cumulativo como "um impacto [...] que resulta do impacto incremental de uma ação (em análise) quanto somada a outras ações passadas, presentes e ações futuras razoavelmente previsíveis".

Há várias outras definições de impactos cumulativos. Em uma revisão ampla, Duinker *et al.* (2013) encontraram que profissionais da avaliação de impactos, quando perguntados, têm "concepções fracas" (p. 42) do que seriam esses impactos, em geral derivadas de definições oficiais, ao passo que alguns autores acadêmicos são motivados a oferecer suas próprias explicações. Entretanto, em que pesem variações, há muitos pontos em comum entre as diversas conceituações, o que sugere convergência de pensamento: devem-se avaliar os impactos de um conjunto de ações humanas sobre certos componentes ambientais ou sociais selecionados.

Uma definição sintética de impactos cumulativos que integra esses dois aspectos é dada por Larry Canter (2015, p. 4), um dos autores pioneiros em AIC: "impactos coletivos de múltiplos projetos, ações ou atividades sobre recursos selecionados". Recursos, nessa concepção, são componentes do ambiente sobre os quais impactos se acumulam. "Recursos" e "componentes" são dois termos importantes em AIC, apresentados posteriormente neste capítulo, ao passo que a palavra "selecionados" significa que a AIC deve ter foco nos impactos sobre certos impactos apenas.

Assim como Duinker et al. (2013), Blakley e Russell (2021), em uma revisão da literatura acadêmica sobre AIC, também encontraram diferentes definições, o que, segundo as autoras, denota que essa avaliação ainda não seria bem compreendida conceitualmente. No entanto, seria mais apropriado concluir que o conceito de impacto cumulativo adotado em determinada pesquisa ou prática profissional deve ser adequado aos seus objetivos. Por esse motivo, é importante adotar uma definição operacional antes de iniciar um estudo sobre AIC. Um exemplo é a formulação do Conselho de Qualidade Ambiental dos Estados Unidos, aplicada no âmbito da avaliação de impactos ambientais de projetos e da avaliação ambiental estratégica (AAE): "impactos cumulativos são os efeitos totais, diretos e indiretos, sobre um recurso ambiental, ecossistema ou comunidade, independentemente do autor destas ações" (USCEQ, 1997).

Outro exemplo de definição aplicada a determinado contexto é aquela adotada no acordo internacional concluído em março de 2023 sobre proteção da biodiversidade em áreas oceânicas internacionais, no âmbito da Convenção das Nações Unidas sobre o Direito do Mar, um tratado legalmente vinculante, isto é, de cumprimento obrigatório pelos países signatários:

> "Impactos cumulativos" significa os impactos combinados e incrementais que resultam de diferentes atividades, incluindo atividades passadas e presentes conhecidas, e atividades razoavelmente previsíveis, ou da repetição de atividades similares ao longo do tempo, e as consequências das mudanças climáticas, acidificação dos oceanos e impactos relacionados (UN, 2023, parte 1, artigo 1).

Essa conceituação mantém os elementos essenciais de definições anteriores já consolidadas, como os impactos combinados (sinérgicos) e incrementais (aditivos) de atividades do passado, presente e razoavelmente previsíveis no futuro, com aspectos específicos do ambiente oceânico associados às mudanças climáticas. Observe-se que esse texto legal emprega a categoria geral "impactos cumulativos", que abrange os impactos incrementais (aditivos) e os combinados (sinérgicos).

Neste livro, o conceito de impactos cumulativos é adaptado de Broderick, Durning e Sánchez (2018, p. 650):

> Impactos que resultam de efeitos aditivos causados por outras ações – do passado, do presente ou razoavelmente previsíveis – juntamente com o projeto ou grupo de projetos, plano ou programa em análise, e de efeitos sinérgicos que resultam da interação entre os efeitos de um projeto ou grupo de projetos, plano ou programa sobre componentes selecionados do ambiente.

1.2 Tipos de impactos cumulativos

Conforme já mencionado, há dois principais tipos de impactos cumulativos: os aditivos e os sinérgicos.

Impactos aditivos se somam, ou seja, os impactos finais são "maiores" que os impactos de cada atividade individualmente. Por exemplo, os moradores de um edifício às margens de uma rodovia estão sujeitos ao ruído do tráfego de veículos, portanto a operação da rodovia é uma fonte de impacto. Se um canteiro de obras de uma nova construção for instalado em frente ao edifício, novas fontes de ruído contribuirão para aumentar o nível de pressão sonora ao qual estarão expostos os moradores, que são os *receptores* de impactos. Assim, o impacto cumulativo resultante será maior que os impactos de cada fonte, e o receptor percebe tal impacto de forma global.

Impactos aditivos têm maior intensidade, maior duração ou afetam uma área maior que os impactos individuais de cada projeto ou ação. Intensidade, duração e área são características, ou atributos, que descrevem a *magnitude* de um impacto. Portanto, a magnitude de um impacto aditivo é maior que a magnitude de um impacto individual. Como representado na Fig. 1.1, o receptor é afetado por diversas fontes de ruído e o efeito final resulta da soma das contribuições de cada uma delas.

Grande parte dos projetos usualmente sujeitos à preparação de algum tipo de estudo ambiental geram impactos incrementais aditivos, sendo estes muito comuns. Outros exemplos são mostrados no Quadro 1.1.

Conceitos e definições | 19

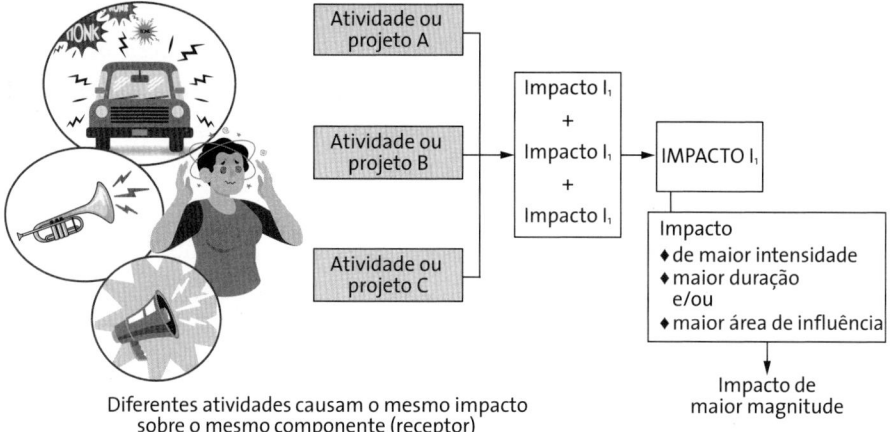

Diferentes atividades causam o mesmo impacto sobre o mesmo componente (receptor)

Fig. 1.1 *Impactos aditivos*

QUADRO 1.1 Exemplos de impactos cumulativos aditivos

Redução da disponibilidade hídrica de um rio quando há múltiplas captações por diferentes usuários da água; a vazão diminui como resultado da atuação de inúmeros agentes

Deterioração da qualidade do ar em uma área urbana devida a múltiplas fontes de emissões, como veículos automotores movidos a combustíveis fósseis ou biocombustíveis, construção civil e ressuspensão de poeiras em vias de trânsito

Perda de qualidade visual de uma paisagem mediante realização de obras de terraplenagem ou adição de novas construções ou obras de infraestrutura, como rodovias ou linhas de transmissão

Perda de capacidade de infiltração de água devida à impermeabilização do solo ou a mudanças de cobertura da terra em uma bacia hidrográfica

Depleção de um aquífero subterrâneo em razão da captação de água em vários poços em vazões acima da capacidade de recarga hídrica

Redução da população de determinada espécie de fauna por múltiplas causas, como caça ou pesca, destruição ou degradação de hábitats

Redução da população de determinada espécie de flora em razão de coleta acima da capacidade reprodutiva, destruição de hábitat ou aumento da população de determinados herbívoros

Aumento da demanda de serviços públicos devido ao crescimento populacional induzido pela implantação de diversos projetos em uma região

Incremento de tráfego em vias públicas devido ao adensamento urbano

Já os impactos sinérgicos resultam da interação entre impactos, que produz outros impactos (Fig. 1.2). Sinergia ou sinergismo é uma palavra de origem grega (*synergós*) que significa cooperar ou "trabalhar junto". Por exemplo, em uma praia onde desovam tartarugas marinhas, perturbações oriundas de diferentes fontes, como iluminação, trânsito de veículos, presença de obstáculos físicos à movimentação das fêmeas ou coleta de ovos por humanos, podem afetar a postura, o desenvolvimento dos embriões e a eclosão. Cada fonte de impacto afeta o receptor (tartarugas) de diferentes maneiras. A iluminação desorienta as fêmeas no percurso aos locais de desova e também os filhotes, que, em vez de se dirigirem para o mar, podem rumar para o interior, atraídos pela luz artificial, e ficar mais tempo expostos à ação de predadores. O trânsito de veículos e até de pedestres pode compactar ninhos. Em um mesmo empreendimento que afete locais de desova, como um complexo turístico costeiro, podem ser realizadas diferentes atividades cujos efeitos se combinarão de maneira sinérgica sobre as tartarugas. Ademais, tartarugas marinhas estão sujeitas a vários outros fatores de estresse, como captura em redes de pesca e ingestão de plásticos no oceano, assim como mudanças climáticas.

Dessa forma, a redução da eclosão de ovos, resultante da passagem de veículos e do pisoteamento, combina-se com a maior mortalidade de recém-nascidos devida à desorientação ou maior predação, resultando em redução do número de indivíduos que chegam ao mar.

Outro exemplo de impacto sinérgico ocorre quando a água de um rio simultaneamente recebe descarga de poluentes orgânicos ou de nutrientes e é

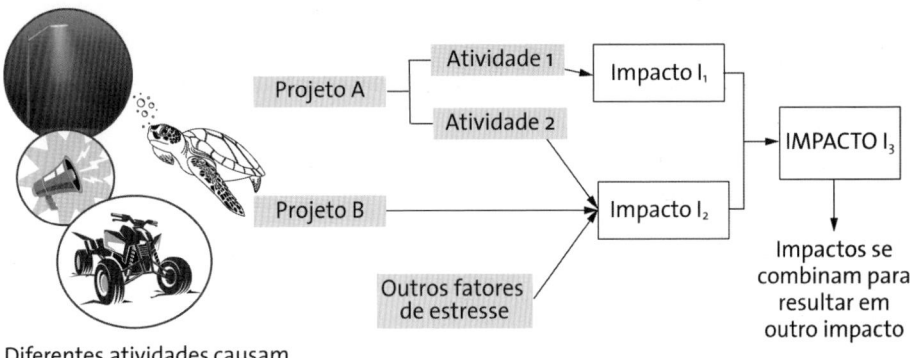

Diferentes atividades causam diferentes impactos que se combinam sobre o mesmo componente (receptor)

Fig. 1.2 *Impactos sinérgicos*

captada para usos como irrigação ou abastecimento. As descargas elevam a carga poluidora e favorecem o aumento da quantidade de microrganismos aeróbicos, que consomem o oxigênio dissolvido em seus processos metabólicos. Dessa forma, há uma alteração na composição da biota aquática, com aumento da abundância de organismos tolerantes às novas condições ambientais e diminuição ou desaparecimento de organismos não tolerantes, como várias espécies de peixes. Já a captação de água reduz a vazão e, em consequência, a capacidade do rio de diluir os poluentes lançados, o que contribui para abaixar ainda mais o teor de oxigênio dissolvido na água. A combinação da degradação da qualidade da água (impacto direto do lançamento de efluentes) com a redução da vazão (impacto direto da captação de água) pode resultar na floração de algas nocivas (impacto cumulativo sinérgico resultante da combinação dos outros dois impactos).

A Fig. 1.3 apresenta um esquema da interação entre esses dois impactos em uma região agrícola. A carga poluidora é representada pelo escoamento superficial – águas de chuva que dissolvem fertilizantes solúveis aplicados sobre o solo e os transportam para os rios. A captação de água para irrigação dessas mesmas áreas agrícolas reduz a quantidade de água disponível para diluição. Como consequência, podem-se criar condições para ocorrência de florações algais nocivas, que incluem algas produtoras de toxinas que podem tanto afetar espécies produtoras de biomassa quanto se concentrar nas espécies do topo da cadeia trófica (peixes), no processo conhecido como biomagnificação (Castro; Moser, 2012). Florações algais que afetam mananciais de consumo humano representam riscos para a saúde.

São bem conhecidos os efeitos sinérgicos da combinação de certos poluentes do ar. Óxido nítrico (NO) e compostos orgânicos voláteis emitidos por motores de combustão interna ou resultantes da evaporação de solventes e combustíveis (poluentes primários) reagem na presença de luz solar, produzindo ozônio (O_3) e ácido nítrico (HNO_3), poluentes secundários de efeitos deletérios sobre a saúde humana e a vegetação.

1.3 Processos de acumulação

Impactos podem se acumular de diferentes maneiras no tempo e no espaço, mediante mudanças graduais e sucessivas ou mudanças rápidas, por ações de diversos agentes cujas consequências individuais imediatas são imperceptí-

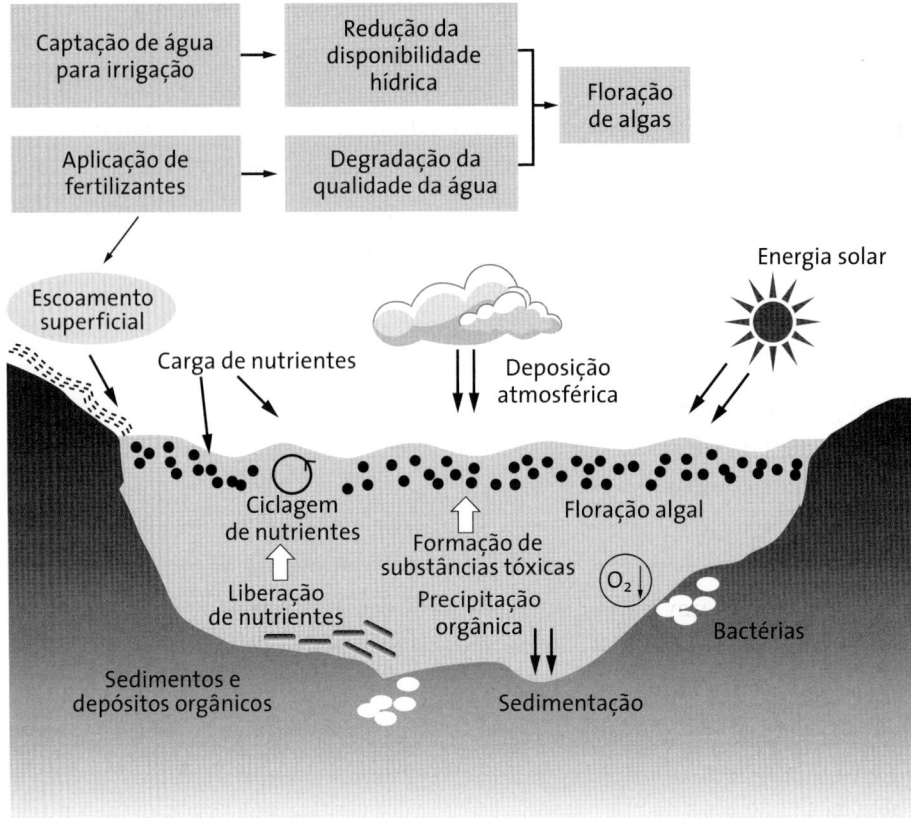

Fig. 1.3 *Exemplo de impacto sinérgico no ambiente aquático*

veis, ou de grandes empreendimentos que alteram visivelmente as condições ambientais.

A literatura sobre AIC não é consistente sobre os processos de acumulação de impactos. Alguns deles são apresentados a seguir.

1.3.1 Acúmulo espacial

Impactos se acumulam no espaço quando a proximidade entre perturbações é menor que a distância necessária para diluir ou dispersá-las. A acumulação espacial pode ser descrita por escala (local, regional, global), padrão espacial (agrupado, disperso) e configuração ou topologia (pontual, areal, linear) (Cada; Hunsaker, 1990).

Um exemplo de acúmulo espacial é a sobreposição de plumas de poluição do ar, quando as concentrações de poluentes de duas ou mais fontes se somam. É um fenômeno comum em polos de indústrias pesadas, como Cubatão, em São Paulo. Nesse local, ainda que as concentrações de poluentes do ar sejam hoje menores do que as concentrações medidas em meados da década de 1980, ainda há frequentes ultrapassagens dos padrões de qualidade pelo menos para um poluente. Em 2021, a concentração de partículas inaláveis (MP_{10}) esteve acima do padrão de 120 µg/m³ de máxima diária durante 31 dias, ainda que as concentrações médias anuais tenham caído nos dez anos anteriores (Cetesb, 2022, p. 98). Observe-se que a recomendação da Organização Mundial da Saúde (OMS) para partículas inaláveis é sensivelmente menor (50 µg/m³). Outros poluentes de interesse em Cubatão, como dióxido de nitrogênio (NO_2) e dióxido de enxofre (SO_2), têm se mantido dentro dos padrões.

A perda de vegetação nativa é outro caso clássico de acúmulo espacial. Em certas regiões, as mudanças de cobertura da terra são tão rápidas que podem ser mapeadas em um intervalo de poucas décadas. Na bacia do rio Itacaiúnas, afluente da margem esquerda do rio Tocantins, no Pará, onde se localiza a Serra dos Carajás, Souza Filho et al. (2016) mapearam as mudanças de uso e cobertura da terra em intervalos de dez anos entre 1973 e 2013. Nesse período, as áreas de pasto passaram de menos de 1% para 50% da área da bacia hidrográfica, de cerca de 41.300 km².

O estudo mostrou que o desmatamento afetou o clima local, com aumento de 1,7 °C na temperatura média em 40 anos, aumento da vazão do rio devido à menor evaporação e infiltração nas áreas de pastagem, e consequente aumento do escoamento superficial.

A maior parte da floresta remanescente hoje se encontra em unidades de conservação e terras indígenas. A maior taxa média anual de perda de floresta na bacia do Itacaiúnas ocorreu entre 1984 e 2004, à razão de 75 mil hectares por ano, depois da implantação das minas de ferro e da construção de usinas de ferro-gusa, que consumiam biomassa vegetal como combustível.

1.3.2 Acúmulo temporal

Ocorre acúmulo temporal de impactos quando o intervalo entre perturbações é menor que o tempo necessário para o sistema (ou componente) se recuperar da perturbação (Cada; Hunsaker, 1990). São exemplos:

- redução de estoques pesqueiros devida à sobrepesca (captura acima da capacidade de reprodução de determinada espécie);
- degradação de florestas nativas por causa de técnicas inadequadas de manejo florestal (extração acima da taxa de reposição);
- redução da população de peixes em razão de sucessivas descargas de efluentes ou vazamento de substâncias tóxicas em um corpo d'água.

A distinção entre acúmulo temporal e espacial é útil para melhor compreender os processos de acumulação. No entanto, os impactos sempre se acumulam ao longo do tempo em determinada área, tratando-se de processos de acumulação espaço-temporal.

1.3.3 Mudança lenta e gradual

Essa forma de mudança (*nibbling* em inglês) ocorre lentamente e muitas vezes é imperceptível em curtos intervalos de tempo. A perda gradual de certos tipos de vegetação – como as restingas no litoral do sudeste do Brasil – para construção de residências ou expansão urbana é um exemplo. Trata-se de um processo de "comer pelas bordas". A perda gradual enseja uma "mudança na linha de base" (*baseline shift*) tal como percebida pelas pessoas ou mesmo por profissionais de avaliação ambiental: pessoas que conhecem determinado local assumem a linha de base, ou seja, a referência para comparação, como a situação do momento em que conheceram o lugar (McCold; Saulsbury, 1996).

Mudanças graduais podem ser exemplificadas pelas transformações de uma área rural ao longo do tempo: inicialmente pela abertura de uma via férrea, depois de uma estrada vicinal, a construção de algumas casas e passagem de rede elétrica, em seguida o adensamento de construções e urbanização, com a correspondente perda de vegetação, acompanhado pelo asfaltamento de ruas, incremento de tráfego de veículos e posterior mudança de uso residencial para uso comercial. A mudança lenta e gradual também é uma forma de acúmulo temporal de impactos.

O fenômeno conhecido como desaparecimento de insetos é outra mudança lenta e gradual. Estudos realizados em diferentes partes do planeta têm encontrado significativa redução das populações de insetos, o que tem repercussões sobre os ecossistemas. Nos Estados Unidos, a população de aves insetívoras declinou cerca de 40% em 45 anos até 2013 (Stanton; Morrissey; Clark, 2018), um indicador da redução da quantidade de insetos. Na Alemanha, Hallmann et al. (2017) mediram a diminuição da biomassa de insetos em uma área protegida e encontraram redução de 75% em menos de 30 anos. Esse declínio não foi súbito, nem pode ser atribuído a uma única razão. As causas são múltiplas. Globalmente, o declínio das abelhas nativas tem sido atribuído à perda gradual de hábitats naturais, exposição crônica a misturas de agrotóxicos e doenças (Goulson et al., 2015).

A atribuição de um fenômeno observado a uma causa principal é um grande desafio científico com muita importância para a avaliação de impactos cumulativos. Rigal et al. (2023) demonstraram que o declínio de populações de aves na Europa tem como causa principal a intensificação da agricultura e o uso de agrotóxicos e fertilizantes, que reduzem a diversidade e a quantidade de insetos nas plantações. Os autores mostraram que essa atividade afeta principalmente as aves que se alimentam de invertebrados, incluindo insetos, ao passo que outras causas do declínio da população de aves, como urbanização, aumento da temperatura e mudanças da cobertura florestal, afetam principalmente determinadas espécies e em escala local, não continental.

Outro processo de mudança lenta e gradual é o fenômeno conhecido como subsidência, o afundamento do solo causado pelo rebaixamento de aquíferos. O esgotamento gradual de aquíferos subterrâneos ocorre quando a captação por bombeamento é maior que a taxa média de recarga, e repercute na superfície. Um exemplo é a cidade de Jacarta, que vem afundando a velocidade crescente desde o final dos anos 1980, e em outras grandes cidades da Ásia também se observa o mesmo tipo de impacto cumulativo (Erkens et al., 2015). Estudos no oeste dos Estados Unidos mostram que o fenômeno é mais grave na região central da Califórnia, onde o bombeamento de água para agricultura tem ocasionado taxas de subsidência de mais de 5 cm por ano. O processo é irreversível porque os poros da rocha antes ocupados por água são colapsados devido ao peso da rocha sobrejacente. A redução da porosidade significa menor capacidade de retenção de água. Mesmo que o bombeamento parasse totalmente, não seria possível recuperar esse volume (Smith; Majundar, 2020).

A subsidência resultante de múltiplas captações de água subterrânea também tem efeitos cumulativos de natureza ecológica, como é o caso da perturbação do regime hídrico de áreas úmidas. Um exemplo é o delta do rio Guadalquivir, na Espanha, onde se situa o Parque de Doñana, cuja importância levou a seu reconhecimento como Reserva da Biosfera em 1980, área úmida de importância internacional (sítio Ramsar) em 1982, e sítio do patrimônio mundial em 1994. O regime hidrológico da área é afetado por captação intensa para agricultura irrigada, muito acima da capacidade de recarga dos aquíferos, causando a degradação dos ecossistemas (Acreman; Casier; Salathe, 2022).

1.3.4 Fragmentação

Intervenções antrópicas muitas vezes causam fragmentação de ambientes, o que leva a impactos cumulativos. Exemplos bem conhecidos são a fragmentação de um rio pela construção de barragens e a fragmentação da paisagem terrestre pela supressão de vegetação nativa. Em ambientes terrestres, fragmentação é a divisão de grandes áreas cobertas de vegetação nativa em pedaços ou fragmentos pequenos. Ainda que a área total dos fragmentos seja igual à área contínua, a paisagem fragmentada é degradada devido ao efeito de borda, que é a influência de fatores abióticos, como vento e insolação, sobre a composição e estrutura dos fragmentos.

1.3.5 Bioacumulação e biomagnificação

A bioacumulação é o acúmulo de substâncias químicas nos organismos por ingestão ou exposição ao meio. A biomagnificação é um processo de aumento da concentração de contaminantes na biota em níveis tróficos sucessivos. Um caso bem conhecido de biomagnificação é a acumulação de metais e certos compostos orgânicos, como os organoclorados, na biota aquática e em seguida em aves e peixes carnívoros (do topo da cadeia alimentar). Por exemplo, o metilmercúrio, forma orgânica de mercúrio muito mais tóxica que o mercúrio inorgânico, pode ser encontrado em peixes com concentrações até um milhão de vezes mais altas que em microrganismos e no plâncton da base da cadeia trófica (Bisinoti; Jardim, 2004). Estudos realizados na década de 1980 nos grandes lagos entre o Canadá e os Estados Unidos também constataram nos peixes fatores de concentração de compostos organoclorados de até meio milhão de vezes (Fig. 1.4).

1.4 Componentes selecionados

Por questões de ordem prática, a AIC se ocupa de impactos sobre "recortes" ou partes do ambiente. Mesmo que um projeto ou grupo de projetos afete vários processos do meio físico, processos ecológicos ou perturbe a estrutura de sistemas socioecológicos, a AIC analisa apenas aqueles considerados mais

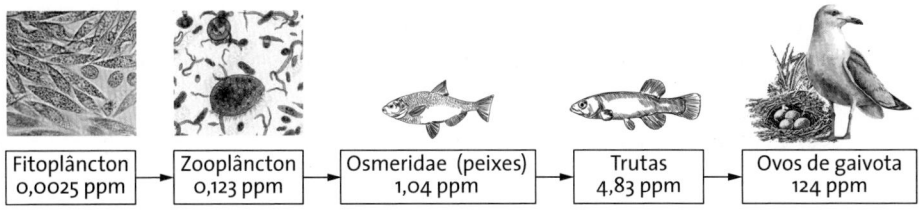

Fig. 1.4 *Biomagnificação de bifenilas policloradas na cadeia alimentar nos grandes lagos da América do Norte*
Fonte: Environment Canada (1991).

importantes ou que suscitem maior preocupação. Essas partes ou recortes são denominadas componentes, ou seja, elementos que compõem o ambiente. Esses componentes são os receptores de impactos, a parte do meio ambiente que "recebe" ou "sofre" os impactos.

Dessa forma, componente é entendido como uma parte do meio ambiente destacada para fins analíticos, ou seja, qualquer recurso ambiental, bem cultural, infraestrutura, sistema socioecológico ou agrupamento humano.

Certos componentes, por sua importância particular, são *selecionados* para fins de AIC. Desde os primeiros anos de prática, a AIC tem esse foco limitado a um dado número de componentes ambientais e sociais. Na literatura em língua inglesa, esses componentes são denominados "valorizados" ou "de valor" (*valued*). Em língua portuguesa é melhor o empregar o termo "componente selecionado", para evitar discussões, em geral desnecessárias, sobre o que tem valor ou o que é importante em uma avaliação ambiental. Alguns componentes são simplesmente selecionados para que se possa proceder à avaliação de impactos, e os motivos de selecionar alguns e não outros devem ser devidamente explicitados.

Na literatura sobre AIA, o termo *valued ecosystem component* (VEC – literalmente, um componente do ecossistema que é socialmente valorizado) tem destaque desde o seu uso por Beanlands e Duinker (1983) em uma revisão sobre o estado da prática da avaliação ambiental no Canadá. Esse estudo envolveu a realização de diversas oficinas de trabalho com pesquisadores, analistas de órgãos governamentais, consultores e representantes de comunidades indígenas e da sociedade civil, além da análise crítica de uma amostra de estudos de impacto ambiental. Os autores chamaram a atenção para a importância de "efeitos cumulativos de vários projetos em uma área" (p. 93), mas esse tema não fazia parte do escopo do estudo. Mesmo assim, Hegmann *et al.* (1999, p. C-1) opinaram que esse trabalho "ajudou mais a prática de avaliação de impactos cumulativos no Canadá do que qualquer outro esforço, ao garantir uma base sólida para conduzir qualquer avaliação convencional de impacto ambiental".

A focalização dos estudos ambientais em um número limitado de VECs é uma das recomendações de Beanlands e Duinker (1983, p. 18-19), que explicam os componentes da seguinte forma:

> Cada um dos atributos ou componentes identificados como resultado do exercício de definição do escopo é definido como componente valorizado do ecossistema. Os componentes podem ser determinados com base em preocupações percebidas do público relacionadas a valores sociais, culturais, econômicos ou estéticos. Também podem refletir preocupações de base científica da comunidade de profissionais.

O termo, ou alguma variação dele, foi adotado por diversos autores, inicialmente no Canadá e depois em outros países. Mais recentemente, a expressão *valued component* tem sido mais usada, com o intuito de não restringir a avaliação a impactos ecológicos. De qualquer forma, a sigla VEC é amplamente utilizada na literatura internacional.

A Corporação Financeira Internacional (IFC, 2013, p. 21) define VEC como "atributos ambientais e sociais considerados importantes para avaliar riscos [e impactos]. [...] São os receptores de impactos". Já Hegmann *et al.* (1999, glossário) indicam VEC como

> uma parte do meio ambiente que é considerada importante pelo proponente, órgão público ou cientistas envolvidos no processo de avaliação. A importância deve ser determinada com base em valores culturais ou interesse científico.

Nos Estados Unidos, o termo equivalente é "recursos, ecossistemas e comunidades humanas", às vezes resumido como "recursos". O guia do Conselho de Qualidade Ambiental para AIC conceitua da seguinte forma:

> Recursos podem ser elementos do ambiente físico, espécies, hábitats, ecossistemas (ou funções dos ecossistemas), recursos culturais, "oportu-

nidades de recreação" (locais apropriados ou potenciais para atividades recreativas), estruturas de comunidades humanas, padrões de tráfego ou outras condições sociais ou econômicas (USCEQ, 1997).

A AIC deve sempre ter foco nos componentes ou recursos selecionados (Fig. 1.5). A avaliação é limitada aos impactos sobre esses componentes e estruturada a partir deles.

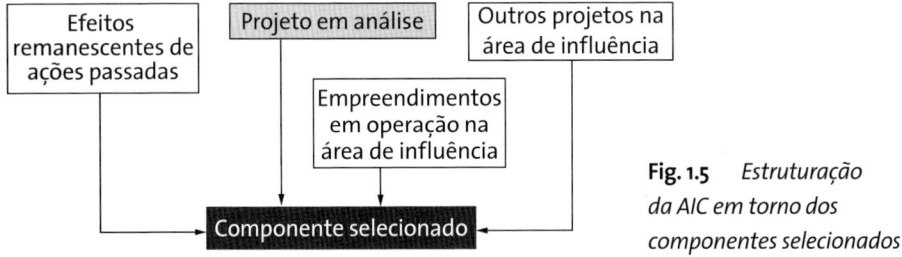

Fig. 1.5 *Estruturação da AIC em torno dos componentes selecionados*

Em geral, o número de componentes selecionados não ultrapassa oito ou nove. Para Páez-Zamora, Quintero e Scott-Brown (2023), por razões práticas, incluindo tempo de preparação, e também para não tornar a avaliação demasiado complexa, apenas um "punhado" de componentes deve ser selecionado, tipicamente entre seis e oito. Beanlands (1993, p. 60) afirma que no Canadá, nos anos 1980, o número de componentes selecionados não passava de uma dúzia, mesmo para grandes projetos.

Em um estudo de AIC de parques eólicos na Jordânia, a Corporação Financeira Internacional (IFC, 2017) reteve apenas três componentes: aves, morcegos e "hábitats e outras espécies". As aves foram selecionadas não apenas por causa de mortes e ferimentos devidos à colisão com as pás, mas também pela perda de hábitat de alimentação e reprodução, já que os parques se localizam em uma rota de migração. Morcegos foram retidos devido a possíveis impactos por colisão e barotrauma, enquanto hábitats e outras espécies foram selecionados em razão da perda e fragmentação decorrentes da construção dos parques. Sete outros componentes inicialmente considerados foram descartados da análise.

Já em uma AIC de projetos hidrelétricos no Nepal, foram selecionados cinco componentes: hábitats aquáticos, hábitats terrestres, sítios religiosos e culturais, meios de vida das comunidades e recursos hídricos, tendo sido descartados quatro componentes inicialmente considerados (IFC, 2020).

A seleção de componentes para avaliação é uma das tarefas mais importantes na definição do escopo, pois todo o estudo será estruturado a partir dessa escolha. A definição de componentes sociais ou socioeconômicos é particularmente desafiadora, visto que a teoria e a prática da AIC foram construídas a partir de um modelo de impactos biofísicos. Impactos sociais têm dimensões "materiais e simbólicas" (Loxton; Schimer; Kanowski, 2013, p. 58), e há menos pesquisas sobre tais impactos de projetos e planos de desenvolvimento (Arnold et al., 2022).

1.5 Avaliação de impactos de projetos e avaliação de impactos cumulativos

A AIC é uma forma de avaliação de impactos, e com ela compartilha princípios, métodos e desafios. A AIC pode ser integrada a um estudo de impacto ambiental (EIA) ou uma avaliação ambiental estratégica (AAE), ou então realizada de maneira independente, conforme será visto na seção 2.4. O Banco Mundial, em seu Padrão Ambiental e Social 1, seguindo outras fontes, assim define:

> Avaliação de Impacto Cumulativo é um instrumento para considerar os impactos cumulativos de um projeto em combinação com os impactos de outros empreendimentos relevantes do passado, do presente e razoavelmente previsíveis no futuro, assim como de atividades não planejadas, porém previsíveis e possibilitadas pelo projeto, que possam ocorrer mais tarde ou em outros locais (World Bank, 2017, p. 23).

Em vez de afirmar semelhanças, é necessário apontar algumas diferenças entre a AIC e uma avaliação de impactos que não leve em conta os impactos cumulativos ou apenas aponte que determinados impactos têm "cumulatividade" ou podem se acumular a outros.

Uma diferença fundamental é o foco da AIC em um número limitado de componentes selecionados (Fig. 1.6). Para que a avaliação tenha esse foco, o ponto de partida é diferente daquele da AIA tradicional de projetos. Nesta última, parte-se das atividades que serão realizadas em cada fase de um projeto (por exemplo, supressão de vegetação, escavação de solo, transporte de insumos) e

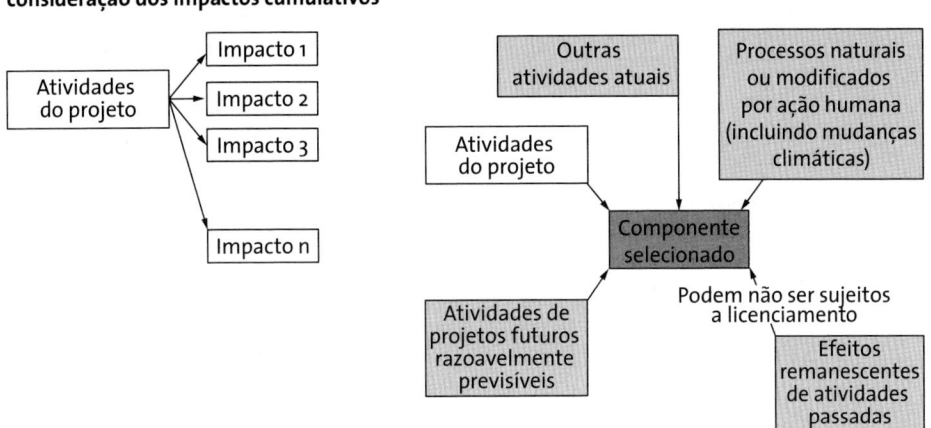

Fig. 1.6 *Principais diferenças entre avaliação de impactos de projetos e avaliação de impactos cumulativos*

chega-se aos impactos que essas atividades poderão causar. Já na AIC, parte-se dos componentes selecionados e traçam-se as relações entre impactos sobre cada componente e suas principais causas.

Na AIC, as atividades do projeto, ou conjunto de projetos em análise, que possam causar impactos significativos sobre um componente selecionado são cotejadas com outras atividades humanas atualmente realizadas na área de estudo e com atividades futuras que poderão afetar o mesmo componente. Além disso, deve-se verificar se há efeitos remanescentes, sobre esse componente, de atividades realizadas no passado.

Em princípio, também podem ser considerados os efeitos de processos naturais sobre o componente selecionado, como a ocorrência de incêndios naturais em determinados ecossistemas, como as savanas. Entretanto, muitos processos naturais foram ou vêm sendo alterados por ação antrópica. Por exemplo, processos de dinâmica superficial, como escorregamento de encostas, são acelerados devido ao corte de vegetação protetora, impermeabilização de solos ou alterações nos padrões de escoamento de águas de chuva. Ainda que a movimentação de massa (solo e blocos de rocha) em uma encosta seja um processo natural, em vários lugares esse processo é acelerado ou amplificado por atividades humanas. Muitos dos fenômenos chamados de desastres naturais se devem a uma combinação de causas naturais e antrópicas.

Nesse aspecto, é importante considerar os efeitos das mudanças climáticas em avaliações de impactos cumulativos. Por exemplo, em uma região na qual, devido a suas particularidades geomorfológicas e história paleoclimática, há espécies de plantas de endemismo restrito, ou seja, cuja área de ocorrência é muito pequena (às vezes da ordem de poucas dezenas de quilômetros quadrados), ações antrópicas que degradem (pisoteio de gado) ou destruam (mineração) os hábitats dessas espécies aumentam o risco de extinção. Porém, como essas espécies só sobrevivem em condições ambientais muito estritas – de tipo de solo, pluviosidade e variação de temperatura e umidade –, como é o caso de serras no sudeste do Pará (Fernandes et al., 2023), elas também estão sob ameaça das mudanças climáticas. Dessa forma, para avaliar os impactos de um empreendimento que afete esses hábitats, é preciso levar em conta os possíveis efeitos das mudanças climáticas.

A literatura em geral reconhece a necessidade de considerar processos naturais ao realizar uma AIC, sempre que seus efeitos sobre os componentes ambientais possam ser importantes. No Brasil, a Portaria Interministerial nº 60, de 24 de março de 2015, ao orientar a elaboração de termos de referência para estudos de impacto ambiental, também incorpora processos naturais à avaliação ao estabelecer que:

> A avaliação integrada dos impactos ambientais deve considerar os impactos ambientais relacionados especificamente com a atividade ou o empreendimento, bem como considerar efeitos isolados, cumulativos e/ou sinérgicos de origem natural e antrópica, principalmente com relação aos eventuais projetos inventariados, propostos, em implantação ou operação na área de influência regional (Brasil, 2015, p. 73).

Há outros conceitos importantes para a prática da avaliação de impactos cumulativos, como limiares, capacidade de carga, resiliência e vulnerabilidade, os quais serão apresentados nos próximos capítulos, conforme apareçam nos exemplos e na explanação dos métodos.

1.6 Pontos de destaque

- Há dois tipos principais de impactos cumulativos: aditivos e sinérgicos.

- Impactos se acumulam por diferentes processos no ambiente biofísico e humano.
- Impactos ambientais se acumulam no espaço e ao longo do tempo.
- Impactos cumulativos são os efeitos totais de múltiplas causas sobre os componentes selecionados.
- Uma avaliação de impactos cumulativos é centrada em componentes selecionados, diferente de um estudo de impacto ambiental, que é centrado nas atividades de um projeto que possam causar impactos ambientais e sociais.
- Uma avaliação de impactos cumulativos considera os impactos do projeto ou grupo de projetos em análise juntamente com os efeitos remanescentes de ações passadas, empreendimentos e atividades atuais e projetos futuros razoavelmente previsíveis.

ENFOQUES DA AVALIAÇÃO DE IMPACTOS CUMULATIVOS

2

Assim como outras formas de avaliação de impactos, a avaliação de impactos cumulativos é flexível e pode ser adaptada a diferentes contextos e necessidades, particularmente quando não é univocamente regulamentada. Neste capítulo são apresentados três enfoques quanto à abrangência de uma AIC. O primeiro se refere à avaliação dos impactos de um projeto completo, incluindo instalações associadas, sem que haja qualquer forma de fatiamento ou fragmentação para facilitar sua aprovação por órgãos governamentais, instituições financeiras ou investidores. A segunda modalidade é a de avaliar impactos cumulativos no âmbito da AIA de projetos, quando se prepara um estudo de impacto ambiental. O terceiro enfoque é a avaliação de âmbito regional, que pode ter certa proximidade com a avaliação ambiental estratégica (AAE), dependendo de como for definido seu escopo. Neste capítulo, também se discute como avaliar os impactos cumulativos ensejados por projetos pioneiros, que têm potencial de causar transformações profundas em uma região.

2.1 Abrangência da avaliação de impactos cumulativos

Impactos cumulativos têm múltiplas causas. A degradação do ambiente sonoro decorrente do crescente tráfego em uma rodovia ou ferrovia e seu incômodo às populações lindeiras não são considerados cumulativos, mas sim impactos diretos que são intensificados ao longo do tempo (ou seja, de magnitude crescente). Se for construído outro empreendimento, como um aeroporto, que afete a mesma comunidade receptora, então a degradação do ambiente sonoro e o correspondente incômodo (e, para algumas pessoas, problemas de saúde) serão impactos cumulativos, decorrentes de dois empreendimentos diferentes. Ao avaliar os impactos do aeroporto, deve-se considerar que a comunidade receptora já é afetada pelos impactos da rodovia.

Assim, os impactos de um projeto podem se acumular aos impactos já em curso em determinado local ou região (impactos persistentes de ações passadas) ou aos decorrentes de ações não reguladas. Por exemplo, a circulação de veículos em uma rodovia em uma zona onde predominam florestas e outros ambientes naturais usualmente causa perda de fauna por atropelamento. Se certas espécies são alvo de caça, a perda de indivíduos por atropelamento se somará à perda devida à caça, um impacto cumulativo aditivo que poderá suscitar impactos indiretos, como o aumento da população das espécies predadas, por causa da diminuição da população de predadores.

Desse modo, é necessária a conjugação de mais de uma causa para que impactos sejam classificados como cumulativos. Dois ou mais projetos – do mesmo tipo ou diferentes – têm potencial de causar impactos cumulativos, mas um único projeto também, desde que seus impactos residuais se somem ou interajam com impactos originados de outras causas, inclusive de outras ações humanas não sujeitas a controle ambiental, de ações ilícitas, ou de processos naturais modificados por ação humana, a exemplo das mudanças climáticas (seção 1.5).

Por esses motivos, avaliar impactos cumulativos deve fazer parte da avaliação dos impactos de um projeto. Nesses casos, a função da AIC é analisar a contribuição *incremental* do projeto, em conjunto com outras atividades do passado, do presente e de um futuro razoavelmente previsível, nos impactos sobre determinados componentes ambientais (Broderick; Durning; Sánchez, 2018).

Entretanto, é reconhecido que a prática dessa forma de AIC encontra dificuldades na obtenção de informações sobre outros projetos que poderão ser implantados na mesma área de estudo, e pode enfrentar obstáculos no acesso a informações de empreendimentos em operação, como dados de monitoramento ambiental, ainda que esses dados sejam públicos. Hegmann (2021), refletindo sobre décadas de trabalho profissional, aponta algumas dificuldades de avaliar impactos cumulativos dentro da AIA de projetos, que incluem: (i) maior tamanho da área de estudo; (ii) extensão para o passado dos limites temporais da avaliação (em vez de diagnosticar apenas a situação atual), muitas vezes sem que haja evidência confiável da situação passada dos componentes selecionados; (iii) projeção da situação futura dos componentes selecionados com pouca informação sobre outros projetos que possam afetá-los; (iv) as medidas mitigadoras que estão ao alcance de um único empreendedor são insuficientes para atenuar impactos cumulativos.

Os Padrões de Desempenho de Sustentabilidade Ambiental e Social de 2012 da IFC, uma das mais importantes referências técnicas internacionais em avaliação de impactos e riscos ambientais e sociais de projetos, indicam que uma AIC amplia a escala e o escopo temporal da avaliação e que

> o principal elemento dessa avaliação é determinar a extensão da área ao redor do projeto que deve ser avaliada, o prazo adequado e como avaliar de forma prática as complexas interações entre os diferentes projetos ocorrendo em momentos diferentes (IFC, 2012a, Nota de Orientação 40).

Esses são alguns motivos pelos quais pesquisadores e profissionais apontam a necessidade de avaliações de impactos cumulativos de projetos múltiplos, assim como avaliações de âmbito regional, que se aproximam de certas formas de AAE. Uma AIC com enfoque regional permitiria sanar algumas das limitações de avaliar impactos cumulativos em um EIA, embora tenha suas próprias dificuldades, como a de alocar a repartição de responsabilidades de mitigação e monitoramento entre diferentes empresas e órgãos de governo. Há de se observar também que "a AIC regional não substitui a necessidade de avaliar impactos cumulativos na AIA de projetos" (Blakley; Noble, 2021, p. 170), importante para decisões sobre aprovação de projetos no âmbito do licenciamento ou financiamento.

Todavia, na "outra ponta" do espectro, há espaço (e necessidade) para melhorar muito as avaliações de impacto ambiental de projetos se estes não forem fracionados em etapas, lotes ou partes com vistas a facilitar o licenciamento ambiental. O fracionamento é utilizado como estratégia para facilitar a aprovação de projetos em todo o mundo, uma vez que partes de um projeto em geral têm impactos menores do que a totalidade. Para esse fim, um projeto pode ser dividido em trechos, etapas, componentes, estruturas, e submetido a aprovações parciais e sucessivas.

Algumas vezes o fracionamento pode ser necessário para atender à legislação. Projetos têm seus impactos avaliados separadamente nos casos em que uma obra é licenciada no âmbito estadual e outra no âmbito federal, como pode ocorrer com uma usina hidrelétrica e uma linha de transmissão, ainda que um projeto não possa funcionar sem o outro. Ademais, o fracionamento pode cumprir a regulamentação de determinada jurisdição que estabeleça classificações ou códigos para cada tipo de empreendimento e assim determine que sejam licenciados separadamente, ainda que possam ser parte do mesmo projeto.

No entanto, o fracionamento também pode ser uma estratégia para isentar determinado projeto da preparação de um EIA ou para enquadrá-lo no licenciamento municipal em vez do estadual, que pode ser mais rigoroso. Tal estratégia pode ser utilizada facilmente (e legalmente) quando a regulamentação estabelece linhas de corte, como área ou outros atributos de dimensão de projetos, a exemplo de número de unidades habitacionais, potência de geração elétrica etc. Conforme Enríquez-de-Salamanca (2016), um projeto pode ser fracionado:

- em partes homogêneas: partes similares de pequeno porte, como um conjunto de geradores eólicos ou loteamentos vizinhos;

- em partes heterogêneas, como uma cava de mina, uma barragem de rejeitos, uma pilha de estéril, uma usina de tratamento de minério, todos integrantes do mesmo projeto, que não poderia funcionar sem todas as partes;
- em etapas, como trechos de uma rodovia, de um projeto urbanístico ou de uma mina.

Qualquer que seja a forma ou motivação do fracionamento, a abrangência mínima para que sejam considerados os impactos cumulativos é o conjunto de todas as partes, etapas e atividades que compõem um projeto.

Convém também notar que, mesmo no caso de um projeto que não seja considerado passível de causar impacto significativo – e que por isso seria isento da preparação de um EIA –, sua influência pode ser "cumulativamente considerável". Esse conceito, usado na legislação da Califórnia, permite a eventual exigência de um EIA mesmo para projetos cujos impactos são presumidos como "individualmente limitados", visto que podem ter "efeitos incrementais" significativos se considerados em conjunto com efeitos de "projetos passados, outros projetos atuais e de prováveis projetos futuros" (California, 2023a, 3).

A partir dessa discussão, os três enfoques da AIC são sintetizados na Fig. 2.1 e apresentados na sequência deste capítulo. Embora mostrados como modalidades diferentes de AIC, a distinção entre eles pode ser tênue. Ainda é apresentado o caso de projetos pioneiros, os primeiros em determinada região, que podem abrir caminho para outros projetos.

2.2 Avaliação de impactos cumulativos da totalidade de um projeto

Essa modalidade corresponderia a um "estágio zero" da AIC. Ainda que o fracionamento de um projeto possa facilitar a sua aprovação, ou mesmo ser necessário para atender a requisitos legais, a própria empresa proponente, as comunidades afetadas e demais partes têm interesse em conhecer os impactos que poderão advir do projeto completo.

O entendimento global dos impactos de um projeto contribui para antecipar possíveis conflitos, ganhar confiança das partes interessadas, estabelecer planos de comunicação e planejar a mitigação de impactos adversos, informando também sobre o custo dos programas de gestão ambiental. Esconder as reais

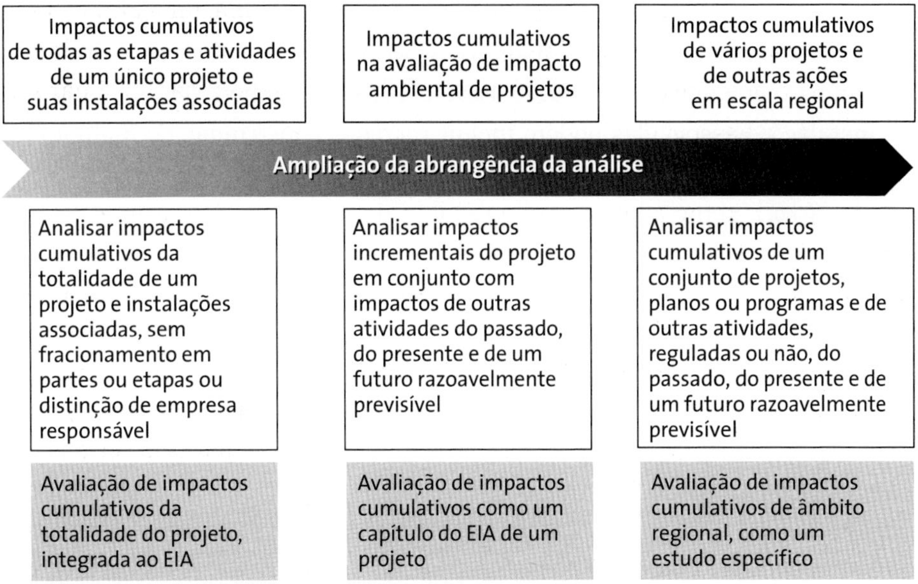

Enfoques da avaliação de impactos cumulativos | 39

Impactos cumulativos de todas as etapas e atividades de um único projeto e suas instalações associadas	Impactos cumulativos na avaliação de impacto ambiental de projetos	Impactos cumulativos de vários projetos e de outras ações em escala regional

Ampliação da abrangência da análise →

Analisar impactos cumulativos da totalidade de um projeto e instalações associadas, sem fracionamento em partes ou etapas ou distinção de empresa responsável	Analisar impactos incrementais do projeto em conjunto com impactos de outras atividades do passado, do presente e de um futuro razoavelmente previsível	Analisar impactos cumulativos de um conjunto de projetos, planos ou programas e de outras atividades, reguladas ou não, do passado, do presente e de um futuro razoavelmente previsível
Avaliação de impactos cumulativos da totalidade do projeto, integrada ao EIA	Avaliação de impactos cumulativos como um capítulo do EIA de um projeto	Avaliação de impactos cumulativos de âmbito regional, como um estudo específico

Fig. 2.1 *Diferentes enfoques da avaliação de impactos cumulativos*

dimensões de um projeto que possa causar impactos significativos certamente não ajuda a obter a aceitação (ou licença) social.

Para instituições financeiras, desconhecer as reais intenções do empreendedor representa um risco, cuja mitigação é justamente a avaliação dos impactos da totalidade do projeto. Não é por outro motivo que o Padrão de Desempenho 1 da IFC requer a avaliação de

> impactos cumulativos resultantes do impacto adicional em áreas ou recursos utilizados ou que sofram impacto direto do projeto, ou de outros projetos existentes, planejados ou razoavelmente definidos na época em que o processo de identificação de impactos for realizado (IFC, 2012b, Padrão de Desempenho 1, §8).

Depois de reunir todas as estruturas e atividades que façam parte do projeto, sem fracioná-lo, é preciso agregar também as chamadas instalações associadas, que são aquelas sem as quais o projeto principal não pode funcionar. O termo é empregado nos Padrões de Desempenho da IFC, os quais requerem que os impactos de um projeto sejam analisados em seu conjunto. Nesse contexto, instalações associadas são aquelas "que não são financiadas como parte do projeto e que não teriam sido construídas ou ampliadas se o projeto não existisse e sem as quais o projeto não seria viável" (IFC, 2012b, Padrão de Desempenho 1, §8).

Instalações associadas podem incluir rodovias construídas ou melhoradas para dar acesso à área de projeto, bases aéreas e marítimas de apoio a atividades *offshore*, como exploração e produção de petróleo e gás, usinas eólicas, ferrovias e terminais para escoamento de produção de uma mina, dutos de transporte de óleo e gás, linhas de transmissão, centrais elétricas cativas, adutoras, centrais de serviços, armazéns. Ainda que essas instalações sejam aprovadas por autoridades distintas, financiadas por diferentes instituições financeiras, e construídas e operadas por empresas ou entidades independentes, seus impactos ambientais e sociais ocorrem conjuntamente e podem afetar os componentes ambientais e sociais de forma cumulativa.

Nessa modalidade, depois de abarcar a totalidade do projeto e suas instalações associadas, a AIC é iniciada pela definição de seu escopo, considerando os componentes sobre os quais os impactos residuais do projeto principal são significativos, atividades passadas e atuais, assim como projetos futuros que afetem ou possam afetar esses componentes. Seguem-se um diagnóstico, a previsão da magnitude e a avaliação de significância dos impactos cumulativos e a proposta de medidas mitigadoras. Tais etapas são básicas de toda AIC e são detalhadas no Cap. 3.

Segundo a prática mais disseminada, apenas no caso de haver impactos residuais significativos é que se avança para a avaliação de impactos cumulativos, uma abordagem que dá margem a críticas, apresentadas na próxima seção.

2.3 Avaliação de impactos cumulativos na avaliação de impactos de um projeto

Não há diferença metodológica entre essa modalidade e a anterior, desde que se avaliem os impactos da totalidade do projeto. Essa é a forma mais difundida de AIC, obrigatória no Canadá, nos Estados Unidos e na União Europeia, embora praticada com graus diferentes de qualidade em cada uma dessas jurisdições. É também demandada pelas instituições financiadoras de projetos privados. Nessa modalidade, os impactos cumulativos podem ser apresentados em um capítulo específico do EIA ou como parte da análise de cada impacto divulgada no EIA.

Essencialmente, consideram-se os componentes sobre os quais os impactos residuais do projeto são significativos e se verifica se atividades realizadas no passado, em andamento ou projetos futuros também afetaram, têm afetado ou poderão afetar esses componentes, mapeando-se relações de causalidade. Em seguida deve-se fazer a previsão da magnitude dos impactos cumulativos, levando em conta as várias fontes (Fig. 1.5). É avaliada a significância dos impactos cumulativos e são estudadas e propostas medidas de mitigação.

Um diferencial importante da AIC, a ser empregado nas três modalidades descritas neste capítulo, é sintetizado na Fig. 2.2. A dimensão temporal é essencial para compreender a acumulação de impactos. É preciso conhecer não apenas o estado atual dos componentes selecionados, mas também a sua trajetória de mudança (em geral, de degradação) ao longo do tempo e os principais indutores dessa mudança, os chamados "estressores". A situação atual de um componente já representa um acúmulo de impactos, remanescentes de ações passadas e resultantes das atividades realizadas no presente, mas deve-se conhecer a tendência futura da condição do componente.

Tendência é a trajetória futura esperada do componente ambiental ou social selecionado na ausência do projeto ou conjunto de projetos em análise. A tendência pode ser de melhoria, de manutenção do estado atual ou de maior degradação, e pode ser alterada pelo projeto em análise. A tendência é descrita no prognóstico, ou análise prospectiva. A implantação do projeto pode, por exemplo, agravar uma tendência de degradação ou reverter uma tendência de melhoria.

Assim, a AIC requer não só uma análise prospectiva, já esperada em um EIA, no qual deve ser prevista a magnitude dos impactos sobre os componentes

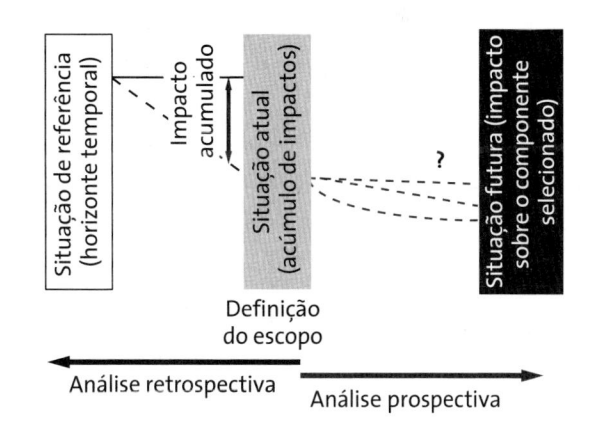

Fig. 2.2 *Abordagem básica para avaliação de impactos cumulativos*
Fonte: adaptado de Noble (2015).

ambientais e sociais, mas também uma análise retrospectiva. Isso não significa que o EIA não contenha uma análise retrospectiva, mas muitas vezes os diagnósticos são limitados à descrição do estado *atual* do ambiente que poderá ser afetado por um projeto. Em geral, os EIAs apresentam diagnósticos que podem ser chamados de *descritivos*, em contraposição a diagnósticos *analíticos*, os quais são necessários em uma AIC. Um diagnóstico socioambiental analítico explica a trajetória dos componentes ambientais e identifica as principais forças de mudança que, ao longo do tempo, levaram à condição atual.

Embora a plena consideração dos impactos cumulativos em um EIA seja um avanço em relação a um EIA que simplesmente os ignore, diversas limitações da AIC como parte da AIA de um projeto têm sido apontadas. Antes de apresentá-las, é preciso enfatizar que esse fato não invalida sua prática, pois, mesmo com limitações, a AIC bem conduzida pode aprimorar a AIA de projetos. Se a AIC contribuir para minimizar a prática do fracionamento de projetos, já haverá ganho importante. Mas a AIC pode ser muito mais útil. Se os impactos cumulativos forem devidamente analisados em um EIA, também se avançará na qualidade do estudo e maior poderá ser a sua contribuição para informar empreendedores, reguladores e cidadãos nos processos decisórios.

Blakley e Noble (2021, p. 159) apontam os seguintes problemas na realização de avaliações de impactos cumulativos como parte de EIAs no Canadá:

- muitos projetos estão abaixo do limite de porte ou não atendem a critérios legais para que seja necessária a preparação de um EIA ou mesmo de um estudo simplificado, mas ainda assim contribuem para o acúmulo de impactos;
- o escopo dos EIAs é limitado, resultando em áreas de estudo pequenas que não permitem que se considerem múltiplos fatores de pressão sobre os componentes selecionados;
- muitas empresas apresentam incapacidade ou limitação legal para gerenciar impactos além de seus próprios empreendimentos;
- uma AIC de projeto acaba focando no efeito incremental do projeto proposto e não nos efeitos totais sobre os componentes selecionados;
- raramente é feito monitoramento de longo prazo capaz de informar a "ciência dos impactos cumulativos";
- há falta de um quadro conceitual e de guias sobre a natureza e as características dos impactos cumulativos.

Em contraposição, Hegmann (2021, p. 62), também do Canadá, aponta que tratar de impactos cumulativos em um EIA é apenas uma variante do modelo original de um EIA dos anos 1970, limitado ao atendimento a requisitos legais, ao passo que a AIC de base regional ou mais estratégica "corre solta" e sem amarras. Por esse motivo, "as versões de projeto e regional da AIC são muito diferentes".

A prática corrente é avaliar impactos cumulativos apenas para os componentes ambientais e sociais sobre os quais o projeto causa impactos residuais significativos, ou seja, após a aplicação eficaz das medidas mitigadoras. Nessa hipótese, é necessário que a significância dos impactos seja avaliada de modo apropriado, bem fundamentado e coerente, o que nem sempre ocorre (Duarte; Sánchez, 2020). O raciocínio por trás dessa forma de considerar impactos cumulativos em um EIA é que, se os impactos residuais de um projeto não forem significativos, avaliar impactos cumulativos pode agregar muito pouco ao processo de tomada de decisão sobre tal projeto.

Críticos desse pensamento, Duinker e Greig (2021), entre outros estudiosos, defendem que relegar os impactos cumulativos às seções finais de um EIA não assegura a sustentabilidade dos componentes ambientais e sociais, o que, segundo esses autores, "é o principal objetivo da AIC". Nessa visão, também defendida por Sinclair, Doelle e Duinker (2017), a AIC seria integrada desde o planejamento do EIA e os componentes que possam ser afetados cumulativamente seriam identificados desde o início, independente de os impactos residuais serem ou não significativos.

Joseph et al. (2023), depois de conduzir uma revisão bibliográfica e entrevistar 22 profissionais e pesquisadores de avaliação ambiental no Canadá, também apontaram limitações desse modelo "sequencial" de AIC, no qual se consideram os impactos cumulativos apenas depois de avaliados todos os impactos de um projeto. Um dos motivos, já indicado por autores como Ross (1998), é a prática de proponentes e consultores atribuírem baixa significância aos impactos que avaliam, ou empregarem critérios "ambíguos" ou "arbitrários" de determinação de significância (Joseph et al., 2017). Já em um modelo "integrado", a determinação da significância viria apenas depois de todos os impactos do projeto terem sido identificados e caracterizados em conjunto com os impactos de outros projetos. Dessa forma, a eventual contribuição "insignificante" dos impactos do projeto também seria levada em conta.

Uma representação esquemática desses dois modelos é mostrada na Fig. 2.3. Convém notar que a avaliação seria "naturalmente integrada para alguns componentes, como qualidade do ar" (Joseph et al., 2023, p. 165), pois os níveis de poluição são função de todas as fontes emissoras.

Logo, há diferentes maneiras de conduzir a AIC como parte da AIA de um projeto. Essas abordagens serão detalhadas no Cap. 3.

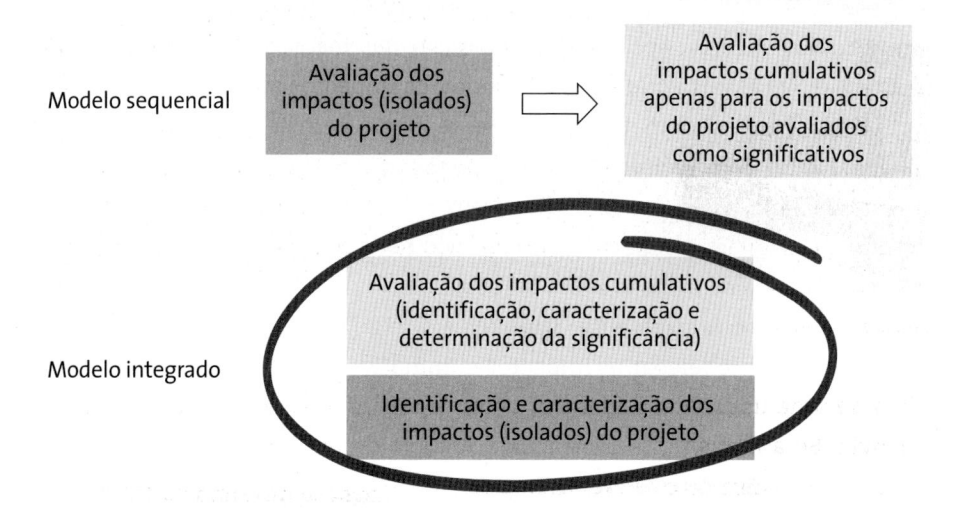

Fig. 2.3 *Modelos sequencial e integrado para avaliação de impactos cumulativos como parte de um estudo de impacto ambiental*
Fonte: adaptado de Joseph et al. (2023).

2.4 Avaliação de impactos cumulativos de projetos múltiplos e de âmbito regional

Quando há diversos projetos pretendidos para uma determinada região, sua avaliação conjunta propicia melhor entendimento dos impactos e, por consequência, melhor base para tomada de decisão e formulação de medidas mitigadoras. Não são raras as situações em que diversos projetos estão em construção ou operação simultaneamente e foram licenciados na mesma época. Não se trata de projetos "razoavelmente previsíveis", mas de projetos que estão ao mesmo tempo causando os mesmos tipos de impactos sobre os mesmos componentes e nos mesmos locais.

No caso exemplificado na Fig. 2.4, há obras do canal de transposição de águas do rio São Francisco e a construção de um trecho da ferrovia Transnordestina,

Fig. 2.4 *Obras de três projetos em andamento no mesmo local*

além de uma indústria de dormentes de concreto utilizados na construção da ferrovia. Se a indústria é uma instalação associada à ferrovia (que, portanto, deve ser avaliada conjuntamente), o canal é um projeto totalmente independente, mas colocalizado e com potencial de afetar os mesmos componentes que são afetados pelos outros dois projetos.

Avaliar em conjunto projetos de grande porte anunciados ou pretendidos para uma mesma região é uma maneira de minimizar as limitações da análise isolada desses projetos. Vilardo e La Rovere (2018) estudaram o processo de avaliação de impacto e licenciamento das atividades de exploração e produção de petróleo das formações geológicas conhecidas como "pré-sal" da bacia de Santos, na área oceânica (*offshore*). Grupos de três sistemas de produção foram avaliados conjuntamente na primeira fase. Já os projetos da segunda fase incluíam 13 sistemas de produção e mais de 300 km de dutos submarinos. Comparando as avaliações das duas fases, os autores encontraram, na segunda fase, ganhos de eficiência e economia processual, mas também melhoria de qualidade da avaliação e melhor consideração dos impactos cumulativos. O EIA continha um capítulo específico sobre tais impactos.

A avaliação feita para a segunda fase do pré-sal envolvia múltiplos projetos do mesmo empreendedor. Supostamente, é mais fácil obter informações atualizadas de uma mesma empresa que tem interesse na aprovação de seus projetos. Um desafio maior é reunir informação coerente de projetos de vários proponentes em diferentes estágios de preparação.

Embora as avaliações de impactos cumulativos como parte de um EIA possam considerar outros fatores de pressão sobre os componentes selecionados, tamanha abrangência não é fácil na prática. Ademais, a empresa proponente de um projeto raramente terá possibilidade de atuar na mitigação dos impactos de múltiplos agentes cuja contribuição é individualmente pequena, tarefa basicamente da alçada de governos.

Não há uma única conceituação de avaliações de âmbito regional. O termo é encontrado na literatura, empregado pelo Banco Mundial e bastante discutido no Canadá, cuja última atualização da legislação de avaliação de impacto, de 2019, substitui os antigos "estudos regionais" por "avaliações regionais" sem especificar com clareza a sua função (Blakley; Noble; MacLean, 2021). O Banco Mundial realizou uma avaliação regional para a região sul da Mongólia, quando estavam sendo simultaneamente considerados diversos projetos de mineração de carvão, cobre e ouro, rodovias, uma ferrovia e usinas termelétricas. O objetivo do estudo foi "fornecer recomendações para a gestão sustentável de recursos ambientais no futuro desenvolvimento da região de Gobi meridional" (Walton, 2010, p. 1). Tratava-se de obter uma visão integrada dos vários projetos e seus impactos, no contexto de um plano governamental de desenvolvimento regional. Essa avaliação é próxima de uma avaliação ambiental estratégica, e foi planejada para considerar (Walton, 2010, p. 1):

- "oportunidades, restrições e vulnerabilidades dos sistemas naturais com relação aos impactos do desenvolvimento";
- "impactos diretos individuais e cumulativos";
- "impactos indiretos (por exemplo, desenvolvimento induzido planejado e não planejado)";
- "capacidade institucional para gerenciar impactos".

Para atingir esses objetivos, foram selecionados dez componentes ambientais considerados os mais vulneráveis aos potenciais impactos do conjunto de empreendimentos, incluindo água subterrânea em aquíferos confinados e não confinados, espécies ameaçadas e seus hábitats, recursos arqueológicos e culturais, entre outros.

Outro exemplo de estudo regional de impactos cumulativos foi a avaliação realizada para orientar possíveis investimentos em uma carteira de projetos na região do Chaco paraguaio, onde tem havido rápida expansão do agronegócio. O Banco Interamericano de Desenvolvimento (BID) preparou uma avaliação conjunta de 25 projetos de duplicação, melhoria e asfaltamento de estradas, construção de pontes, linhas de transmissão e uma adutora. Em uma área de cerca de 250.000 km², baixa densidade populacional e grande proporção de população indígena, foram analisados impactos sobre sete componentes ambientais e sociais.

O Chaco paraguaio apresenta uma das mais altas taxas de mudança de uso do solo e desmatamento do mundo. Como a abertura de rodovias é a principal causa direta de perda de vegetação nativa em áreas tropicais (Laurance; Goosem; Laurance, 2009; Vilela *et al.*, 2020), sem um estudo integrado é ainda mais difícil mitigar os impactos. A análise do BID constatou que

> até agora, os impactos gerados pelas novas infraestruturas financiadas no Chaco foram estudados ao nível de cada um dos projetos separadamente, mediante a realização de estudos de impacto ambiental e social com seus correspondentes planos de gestão ambiental e social [...]. Esta abordagem é insuficiente, já que não captura adequadamente as dinâmicas das mudanças de uso do solo e cobertura florestal que possam resultar da ação conjunta dos vários projetos de infraestrutura previstos e em execução (Hurwitz *et al.*, 2022, p. 25).

Dessa forma, o objetivo do estudo foi

> a avaliação a nível 'macro' dos impactos e riscos ambientais e sociais (com ênfase nos impactos indiretos e cumulativos) das intervenções em execução ou em vista de execução no Chaco paraguaio financiadas tanto pelo BID como com outras fontes de financiamento (Hurwitz *et al.*, 2022, p. 25).

Observa-se a menção a uma das características fundamentais da AIC, que é abarcar os impactos de projetos de outros empreendedores (no caso, de outros financiadores).

Avaliações regionais são, em certos casos, recomendadas pelo Banco Mundial, assim como as avaliações ditas setoriais, ou seja, de um determinado setor de atividade econômica. Um exemplo é a avaliação ambiental integrada (AAI) feita no Brasil para auxiliar o planejamento do aproveitamento hidrelétrico de uma bacia hidrográfica. O primeiro desses estudos foi feito em 2005, após atuação do Ministério Público, para o rio Uruguai, que já contava com várias barragens, mas onde novos projetos eram considerados (Tucci; Mendes, 2006). Diversas outras avaliações desse tipo foram depois feitas em outras bacias para auxiliar o planejamento de expansão do setor elétrico.

Referindo-se à AIC como parte de um EIA, as Notas de Orientação da IFC, para implementação de seus Padrões de Desempenho, recomendam:

> Quando impactos cumulativos provavelmente ocorrerem como resultado de atividades de terceiros na região e espera-se que os impactos das operações do cliente sejam uma parte relativamente pequena do total cumulativo, uma avaliação regional ou setorial poderá ser mais adequada do que uma AIC (IFC, 2012a, Nota de Orientação 38).

Na Estrutura Ambiental e Social do Banco Mundial, avaliações regionais de impacto ambiental e social podem ser requeridas para examinar impactos e riscos em uma região determinada, como uma área urbana, bacia hidrográfica ou zona costeira, avaliando e comparando os impactos "de uma estratégia, de uma política, de um plano, de um programa ou de uma série de projetos" em relação a alternativas, e fazendo recomendações. Uma avaliação regional "presta particular atenção a impactos e riscos cumulativos de múltiplas atividades, mas não inclui análises locais ou de projetos individuais" (World Bank, 2017, p. 24) e, portanto, não substitui um EIA.

A análise de impactos cumulativos de projetos estimulados, facilitados ou permitidos por planos de ordenamento territorial – como planos de gerenciamento costeiro ou planos diretores urbanos – é também uma modalidade de avaliação de âmbito regional. Um plano de ordenamento territorial é um importante indutor de modificações.

Mudanças de uso do solo têm consequências intencionais e não intencionais. Por exemplo, em áreas urbanas, o aumento da densidade populacional próximo a eixos de transporte coletivo, mediante estímulo à verticalização, pode facilitar a mobilidade, incentivando o uso desses meios de transporte. Entretanto, também tem consequências não intencionais, como a perda de áreas verdes e solos permeáveis, o aumento da frequência e intensidade de inundações, a perda de relações de vizinhança e vida comunitária em bairros residenciais ou mistos, a intensificação do efeito de ilha de calor (a temperatura em áreas urbanas extensas e densas é maior que no entorno verde ou rural dessas cidades), entre outras. Mas planos podem também não atingir os resultados esperados – as consequências intencionais – se forem mal desenhados, se tiverem insuficiente participação pública ou se forem manipulados para atender a interesses privados. Ainda nesse exemplo, o incentivo ao uso do transporte coletivo pode não se concretizar se esse sistema for de má qualidade, subdimensionado, se não for ampliado para atender à nova demanda, ou se contiver brechas que permitam a construção de grande quantidade de vagas de garagem.

Em uma AIC de âmbito regional, avaliam-se os impactos indiretos e os induzidos pelo projeto, conjunto de projetos, ou planos considerados. Certos tipos de projeto, como os de infraestrutura de transportes e de aproveitamento de recursos naturais que necessitam da abertura de vias de acesso, como mineração e desenvolvimento energético, têm grande potencial de induzir ou facilitar ações de terceiros que, ainda que individualmente pequenas, em conjunto causam impactos significativos. Essas ações de terceiros podem não ser sujeitas a licenciamento ou alguma outra forma de controle ambiental governamental (Fig. 2.5). Ademais, atividades ilegais podem ser facilitadas pela existência de infraestrutura construída para atender à necessidade de grandes projetos. Esses impactos podem se acumular de maneira gradual (seção 1.3), como ilustrado na Fig. 2.5. O bem conhecido padrão de desmatamento da Amazônia, em espinha de peixe, é um caso concreto desse processo: estradas secundárias são abertas a partir de uma rodovia principal, e das estradas secundárias derivam ramais, propiciando primeiro a extração seletiva de espécies de interesse madeireiro, seguida de corte raso para implementação de pastagens ou culturas.

Essas múltiplas ações de vários outros agentes que ocorrem ao longo do tempo na área de influência de um grande projeto e que são por eles facilitadas não se qualificam como "projetos razoavelmente previsíveis" (Johnson et al., 2020), mas frequentemente causam impactos cumulativos de grande magnitude e significância.

Um desdobramento ou caso particular de avaliações de âmbito regional é a avaliação de impactos cumulativos de projetos pioneiros, detalhada na próxima seção.

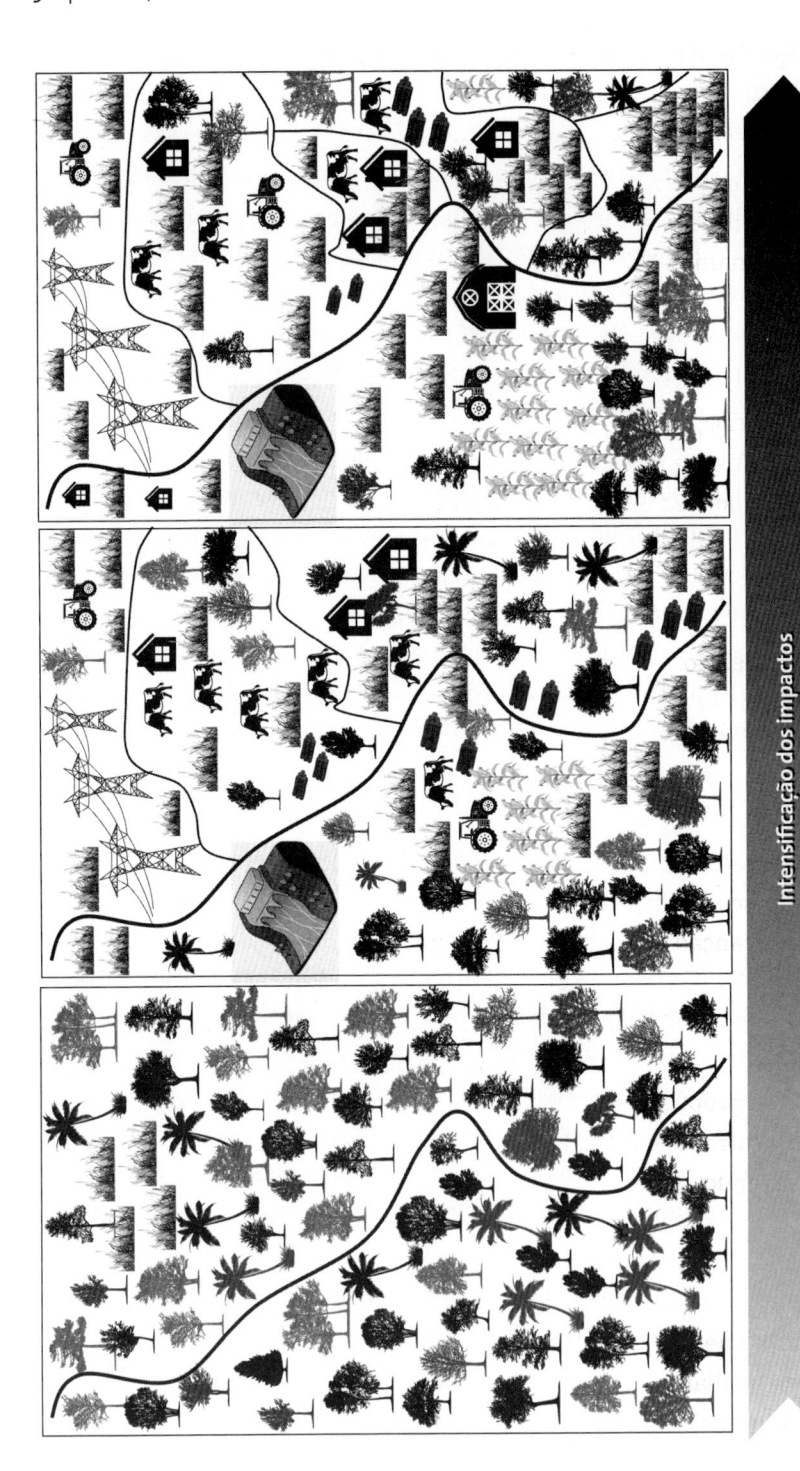

Fig. 2.5 *Transformação da paisagem depois da implantação de um projeto pioneiro*
Fonte: elaborado a partir de Johnson et al. (2020).

2.5 Avaliação de impactos cumulativos de projetos pioneiros

Projetos pioneiros são os primeiros projetos de envergadura vislumbrados ou implantados em uma região em bom estado de conservação e usualmente de baixa densidade de ocupação. Já nas primeiras publicações sobre impactos cumulativos era manifestada preocupação com os impactos cumulativos desse tipo de projeto, que abre precedentes, pois estimula outras atividades (CEARC; USNRC, 1986).

Muitas vezes, projetos pioneiros são projetos de aproveitamento econômico de recursos naturais, como recursos energéticos ou minerais, ou projetos de infraestrutura de transportes, como um porto ou uma hidrovia. Sua localização em geral é dada por características naturais, como potencial hidrelétrico ou eólico ou profundidade de lâmina d'água. Tais projetos, ao requererem investimentos de monta, podem alavancar investimentos em outros projetos, que aproveitam a infraestrutura criada para o projeto pioneiro. Podem também, como é bem conhecido, facilitar diversas outras ações antrópicas, reguladas ou não (Fig. 2.5).

As chamadas infraestruturas indutoras de crescimento (Johnson *et al.*, 2020) são um tipo de projeto pioneiro planejado com o objetivo de impulsionar outros projetos ou cuja implantação gera oportunidades de desenvolvimento econômico. Sinclair e Doelle (2021) entendem que requisitos para avaliar os impactos cumulativos desses projetos de infraestrutura deveriam fazer parte de qualquer legislação avançada de avaliação de impactos, mas notam sua ausência na lei canadense de 2019. Eles tampouco têm destaque no guia da IFC (2013) e no do BID (Páez-Zamora; Quintero; Scott-Brown, 2023).

As consequências da aprovação de projetos pioneiros vão muito além do licenciamento do próprio projeto. Um caso recente no Brasil foi o asfaltamento de um trecho central da rodovia BR-319, que liga Porto Velho (RO) a Manaus (AM), transformando-se em um novo vetor de desmatamento em uma região de baixa governança. Não apenas a decisão de licenciamento foi fracionada em trechos, como também os impactos indiretos e induzidos foram insuficientemente avaliados (Ferrante; Andrade; Fearnside, 2021).

Há, portanto, questões metodológicas sobre como considerar os impactos cumulativos ao avaliar um projeto pioneiro, o que não deve feito como se este fosse um projeto qualquer. Ao longo de anos, os projetos que sucedem o projeto pioneiro, assim como outras ações menores que isoladamente podem ter impactos insignificantes, afetam os mesmos componentes ambientais afetados pelo primeiro projeto (Figs. 2.5 e 2.6). A escolha de poucos componentes-chave – como a cobertura vegetal, no caso de projetos na Amazônia – e o uso de ferramentas de modelagem de mudança de cobertura da terra, como empregado por Siqueira-Gay *et al.* (2022a), são exemplos de abordagem para avaliar impactos de projetos pioneiros que diferem substancialmente da preparação convencional de um estudo de impacto ambiental e mostram como certos impactos de projetos pioneiros podem ser avaliados.

Uma proposta recente que exemplifica um projeto pioneiro é a perfuração de um poço de exploração de petróleo (ou seja, com finalidade de aprofundar o conhecimento sobre o reservatório, e não para produção comercial) a 175 km da costa do Amapá, na bacia da foz do Amazonas (Fig. 2.7). A licença para o projeto (denominado Bloco FZA-M-59) foi negada pelo Instituto Brasileiro do Meio Ambiente e dos Recursos Naturais Renováveis (Ibama) em maio de 2023 devido, principalmente, à insuficiência do plano de emergência para atendimento em caso de vazamento de petróleo.

Além disso, o EIA, como é usual, não avaliou o impacto cumulativo das atividades de perfuração em conjunto com outras perfurações de exploração ou

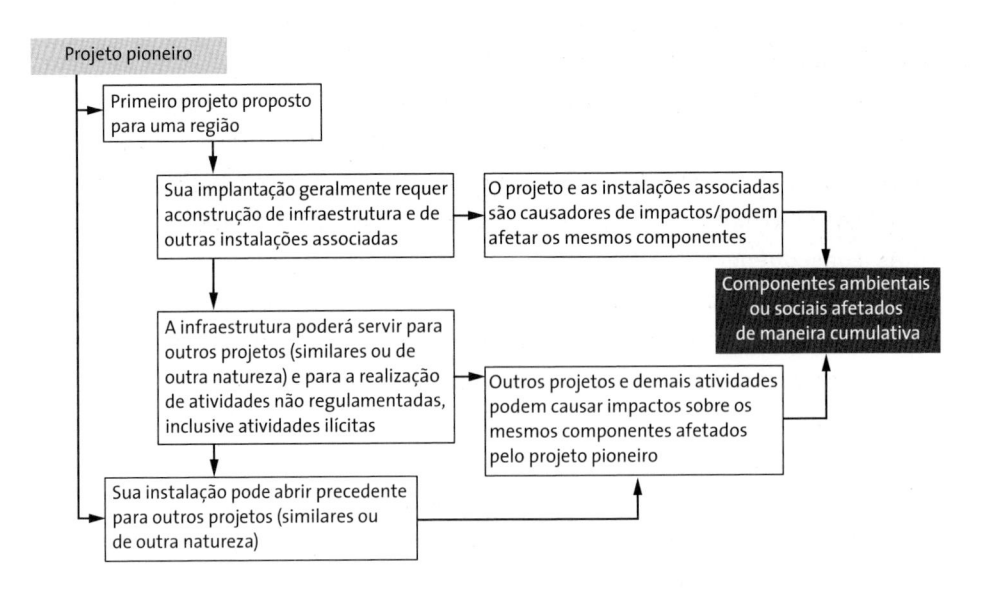

Fig. 2.6 *Esquema conceitual de impactos cumulativos causados por projetos pioneiros*

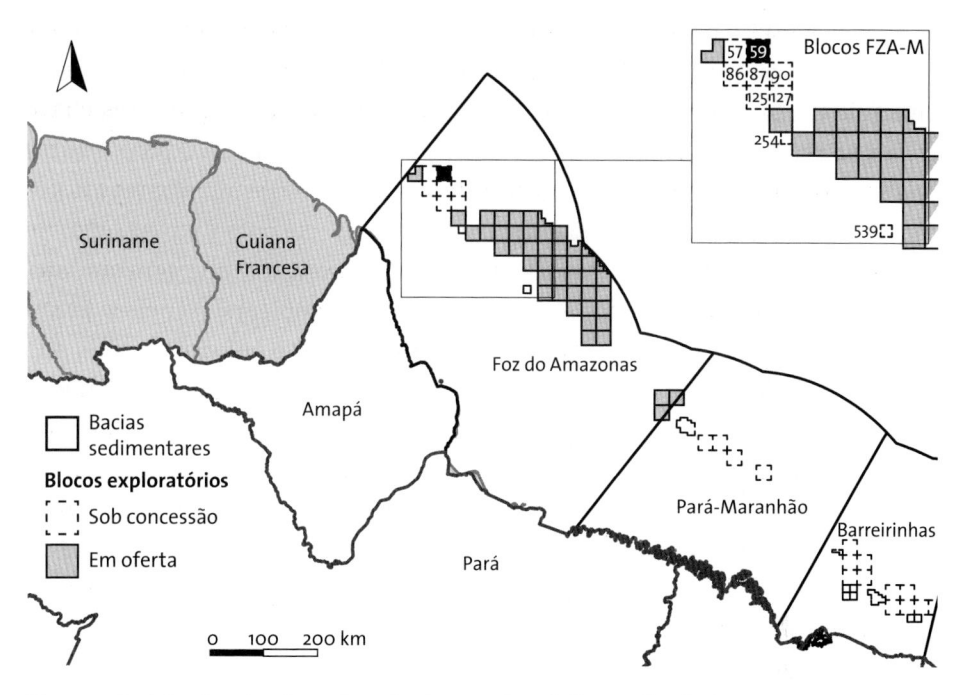

Fig. 2.7 *Projeto pioneiro de perfuração de poço de petróleo na foz do Amazonas*
Fonte: WWF-Brasil. Reproduzido com autorização.

produção razoavelmente previsíveis no futuro. Embora se possa argumentar que não havia nenhum outro projeto "razoavelmente previsível" no momento de preparação do EIA, é improvável que o desenvolvimento de uma nova bacia sedimentar se restrinja a um único poço produtivo. Assim, a exploração pioneira, se fosse bem sucedida, daria lugar a outras perfurações, intensificaria o tráfego de embarcações e aeronaves, tornaria necessária a construção de estruturas de apoio em terra e atrairia população para esses locais.

A aprovação de projetos pioneiros pode desencadear impactos irreversíveis. Trata-se de um tipo de decisão que dificilmente pode ser apoiada em um estudo de impacto ambiental convencional, e que precisa de uma avaliação de impactos cumulativos.

2.6 Qual o enfoque mais adequado para uma avaliação de impactos cumulativos?

A definição do enfoque mais adequado, ou possível, de uma AIC depende de sua finalidade. Antes de defini-lo, é preciso explicitar o objetivo (ou seja, aonde se quer chegar) e o propósito da avaliação, sua finalidade. O objetivo geralmente é produzir ou organizar informação sobre os impactos socioambientais de determinada iniciativa e fazer recomendações para fins de tomada de decisão, governamental e privada, assim como para partes interessadas. O propósito ou finalidade é o uso que terão as análises e recomendações resultantes da avaliação. Uma finalidade importante de avaliações de impacto cumulativo é orientar decisões de licenciamento, investimento e financiamento, que também são finalidades de outras formas de avaliação de impacto ambiental (Sánchez, 2020).

Portanto, a primeira pergunta a ser feita para definir o enfoque de uma AIC é: qual o propósito? Se for para informar decisões de licenciamento ambiental de um único projeto, o estudo deverá seguir diretrizes estabelecidas nos termos de referência para o EIA, as quais, por sua vez, devem especificar os objetivos da AIC. Então, os termos de referência deverão explicitar como precisam ser avaliados os impactos cumulativos e prover orientação para seleção de componentes ambientais e sociais, escolha de outros projetos e demais tarefas fundamentais de toda AIC.

Outra finalidade da AIC pode ser a de dar suporte ao licenciamento de vários projetos do mesmo tipo, como um conjunto de pequenas centrais hidrelétricas em uma bacia hidrográfica, grupos de parques eólicos próximos ou perfurações de petróleo em uma mesma área oceânica, com suas respectivas atividades de apoio em terra. Nesses casos, uma AIC de âmbito regional pode ser apropriada.

Mais um propósito de uma AIC pode ser o de informar decisões de financiamento de um projeto. Nesse cenário, devem ser seguidas as políticas e os padrões adotados pelas instituições financeiras envolvidas, a exemplo dos bem conhecidos Padrões de Desempenho da IFC, também adotados pelos bancos privados e agências de crédito à exportação que subscrevem os Princípios do Equador. Outros bancos de desenvolvimento têm padrões próprios. No Quadro 2.1 são destacados alguns requisitos relativos a impactos cumulativos dos principais bancos de desenvolvimento com atuação no Brasil.

Uma AIC também pode atender a outras finalidades, como auxiliar na preparação de uma estratégia ou fornecer recomendações a órgãos governamentais sobre determinadas ações de gestão. Por exemplo, a Avaliação Ambiental Integrada de Obras de Descaracterização de Barragens de Rejeitos Alteadas pelo Método a Montante no Estado de Minas Gerais (Neri et al., 2021) foi idealizada e encomendada pelo Ministério Público do Estado de Minas Gerais depois que a

QUADRO 2.1 **Exemplos de requisitos referentes à avaliação de impactos cumulativos de bancos de desenvolvimento**

Entidade	Requisito em destaque	Referência
Corporação Financeira Internacional	Quando o projeto envolver elementos físicos, aspectos e instalações especificamente identificados como tendo a probabilidade de causar impactos, os riscos e impactos socioambientais serão identificados no contexto da área de influência do projeto. Essa área de influência abrange, conforme apropriado: [...] • Impactos cumulativos resultantes do impacto adicional em áreas ou recursos usados ou que sofram impacto direto do projeto, de outros desenvolvimentos existentes, planejados ou razoavelmente definidos na época em que o processo de identificação de impactos for realizado	IFC (2012b, Padrão de Desempenho 1, §8)
Banco Mundial	A avaliação [de impactos e riscos ambientais e sociais] será proporcional ao potencial de impactos e riscos do projeto e incluirá, de modo integrado, todos os impactos e riscos ambientais e sociais relevantes diretos, indiretos e cumulativos ao longo de todas as fases do projeto	World Bank (2017, Environmental and Social Standard 1, §23)
Banco Europeu de Investimento	Os impactos cumulativos do projeto devem ser avaliados de maneira apropriada: a) entre os diferentes elementos do projeto (sem "fatiamento" de impactos); b) em relação a outros projetos na mesma área que possam causar impactos similares;	EIB (2018, Padrão Ambiental e Social 3, §35)

Quadro 2.1 (continuação)

Entidade	Requisito em destaque	Referência
Banco Europeu de Investimento	c) em relação a outras atividades, ameaças e pressões em uma área mais ampla, que possam acarretar impactos similares sobre biodiversidade e ecossistemas	EIB (2018, Padrão Ambiental e Social 3, §35)
	Riscos à saúde e segurança pública são normalmente identificados no EIA. Pode ser necessário um estudo de impacto à saúde, integrado ao EIA, se houver riscos significativos e/ou cumulativos à saúde pública	EIB (2018, Padrão Ambiental e Social 9, §39)
Banco Interamericano de Desenvolvimento	O processo [de identificação de riscos e impactos] considerará todos os riscos e impactos ambientais e sociais relevantes diretos, indiretos e cumulativos	BID (2020, Padrão de Desempenho Ambiental e Social 1, §9)

Lei Estadual nº 23.291, de 25 de fevereiro de 2021, determinou a obrigatoriedade de descaracterização de todas as barragens construídas por esse método, após a segunda ruptura de barragem com graves consequências, ocorrida em Brumadinho em 25 de janeiro de 2021. Essa lei estava em discussão na Assembleia Legislativa desde o desastre da barragem do Fundão, em Mariana, que afetou 650 km de rios e a zona costeira e marinha da foz do rio Doce (Sánchez et al., 2018).

Descaracterização significa que uma barragem deve perder suas características de barragem, deixando de reter água junto com rejeitos de mineração. Diversas obras com essa finalidade foram então planejadas e iniciadas em curto período, a maioria concentrada na região chamada Quadrilátero Ferrífero, a sul de Belo Horizonte. A execução simultânea de obras de grande porte, envolvendo supressão de vegetação, incremento no volume de tráfego de veículos pesados em vias públicas e grande consumo de areia e brita, associada ao deslocamento obrigatório de população residente em áreas a jusante de certas barragens de alto risco, suscitou preocupação quanto a seus impactos ambientais e sociais, também por essas obras serem isentas de licenciamento ambiental.

O propósito dessa avaliação foi descrito da seguinte forma:

> A finalidade deste estudo [...] é facilitar que os órgãos competentes do governo do Estado de Minas Gerais tracem estratégias, tomem decisões e implementem ações adequadas ao planejamento de ações pertinentes ao acompanhamento das obras de descaracterização (Neri *et al.*, 2021, p. 13).

Por outro lado, uma AIC exigida pelo Ibama como parte do licenciamento ambiental de um conjunto de projetos de exploração e produção de petróleo e gás na plataforma continental da bacia de Santos, conhecido como Pré-Sal Fase II, teve a finalidade de "fornecer subsídios aos atores da região para enfrentar as possíveis transformações sociais, ambientais e econômicas e se desenvolver de forma sustentável" (Petrobrás, 2021, p. 1.)

A variedade de formas de AIC se deve, portanto, a diferentes contextos e finalidades de aplicação. Sinclair *et al.* (2022) classificam quatro formas de avaliação:

- AIC preditiva como parte da AIA de projetos;
- AIC preditiva para informar planejamento regional;
- AIC avaliativa para compreender as condições ambientais de uma região;
- AIC avaliativa contínua para monitorar e gerenciar impactos cumulativos em uma região.

As duas primeiras correspondem às formas descritas anteriormente neste capítulo, e a terceira pode ser entendida como parte de uma AIC, correspondendo ao diagnóstico analítico de componentes selecionados. Já a quarta modalidade se aproxima do que parte da literatura chama de gestão de impactos cumulativos (por exemplo, Canter, 2015).

Embora muitas AICs sejam feitas em algum contexto institucional de planejamento, licenciamento ou financiamento, elas também podem ser feitas como objeto de pesquisa científica, visando avançar o conhecimento ou mesmo influenciar políticas públicas. É o caso de estudos sobre os impactos da abertura de estradas na Amazônia, que vêm sendo realizados há mais de vinte anos. Um dos primeiros trabalhos foi o de Laurance *et al.* (2001), que simularam a perda (por desmatamento ou corte raso) e a degradação (decorrente de corte seletivo de árvores e outras intervenções) de floresta que poderia ser induzida por uma rede de rodovias anunciada pelo governo federal para toda a Amazônia brasileira.

Os impactos cumulativos de um único projeto rodoviário, a pavimentação da BR-163, que liga o norte do Mato Grosso a Santarém (PA), foram estudados por Soares Filho *et al.* (2004). Esses autores construíram um modelo de mudanças de cobertura da terra em regiões afetadas por rodovias na Amazônia, que frequentemente resultam em desmatamento segundo o padrão espinha de peixe. A partir de um tronco, que é a rodovia a ser aberta ou pavimentada, são abertas estradas secundárias, em geral perpendiculares ao alinhamento da rodovia principal, que dão acesso a áreas de florestas explotadas por madeireiras e posteriormente ocupadas por atividades agropecuárias. A área desmatada então vai se expandindo, a partir da rodovia principal e das estradas secundárias. Após o estudo desse processo de desmatamento progressivo, os pesquisadores construíram modelos de conversão de floresta para outras formas de cobertura da terra e os aplicaram à BR-163, dividindo a área de influência em quatro setores com dinâmicas específicas, estimando a perda de floresta em cada setor em diferentes cenários.

Em síntese, são a finalidade e os objetivos pretendidos que direcionam o enfoque da avaliação de impactos cumulativos e, em consequência, a escolha dos componentes selecionados, conforme os exemplos vistos nesta seção.

2.7 Pontos de destaque

- A avaliação de impactos cumulativos pode ser realizada sob diferentes enfoques, seja como parte de um estudo de impacto ambiental, seja como um estudo separado, de âmbito regional.
- É fundamental estabelecer o propósito (ou seja, a finalidade) da avaliação de impactos cumulativos para, em seguida, escolher o enfoque mais apropriado.
- Não se pode desconsiderar os impactos cumulativos ao avaliar impactos de projetos pioneiros.
- O enfoque mínimo para avaliar impactos cumulativos é analisar em conjunto os impactos de todas as fases e componentes de um projeto, mesmo que seja necessário fracionar projetos para fins de atendimento à legislação de licenciamento.

- Os impactos de instalações associadas devem sempre ser analisados conjuntamente aos impactos do projeto principal.
- A avaliação de impactos cumulativos é feita para um número limitado de componentes ambientais e sociais selecionados.
- O diagnóstico para uma avaliação de impactos cumulativos é diferente do diagnóstico de um estudo de impacto ambiental.
- O diagnóstico socioambiental deve ser (i) focado nos componentes selecionados, (ii) retrospectivo e (iii) analítico (não descritivo).
- É necessária a colaboração entre partes para realizar uma AIC (por exemplo, informação sobre projetos) e para implementar mitigação (monitoramento conjunto/mitigação compartilhada).

METODOLOGIA GERAL DE AVALIAÇÃO DE IMPACTOS CUMULATIVOS

3

A escolha dos métodos mais adequados faz parte do planejamento da avaliação de impactos cumulativos e deve responder aos objetivos e atender à finalidade de cada estudo. Por esse motivo, pode haver certas diferenças metodológicas quando se avaliam os impactos cumulativos como parte de um estudo de impacto ambiental e quando a avaliação é de âmbito regional.

Entretanto, mesmo com a pluralidade metodológica – também característica de outras formas de avaliação de impactos –, há uma base comum a toda AIC, com os seguintes elementos:

- avaliam-se os efeitos totais, de ações passadas, presentes e futuras, sobre componentes ambientais e sociais selecionados;
- avaliam-se apenas os impactos sobre determinados componentes ambientais e sociais, selecionados segundo critérios explícitos e justificados;
- é necessário compreender a trajetória passada de mudança dos componentes selecionados e suas tendências futuras na ausência do projeto ou conjunto de projetos avaliados;
- avalia-se a resiliência ou vulnerabilidade dos componentes selecionados em face dos projetos e demais indutores de mudança.

Orientações sobre como conduzir uma AIC vêm sendo produzidas e aprimoradas desde o final dos anos 1990, quando esse tipo de avaliação começou a se consolidar. Destacam-se abordagens metodológicas na forma de sequências ordenadas de passos, desde a definição do escopo até a designação de arranjos institucionais para acompanhamento da condição futura dos componentes e dos resultados das medidas de mitigação e gestão.

O primeiro guia prático para orientar a inclusão dos impactos cumulativos nos EIAs foi publicado em 1997 pelo Conselho de Qualidade Ambiental dos Estados Unidos (USCEQ, 1997), entidade governamental criada em 1970 para facilitar a implementação da Lei de Política Nacional do Meio Ambiente, que introduziu a obrigatoriedade de avaliação prévia dos impactos de certos projetos e ações governamentais.

Esse guia recomenda uma sequência de onze passos, distribuídos em três grupos: (i) definição do escopo, (ii) descrição do ambiente afetado e (iii) determinação das consequências ambientais (Fig. 3.1). O guia provê fundamentos conceituais e orientação prática para a execução de cada passo. Se, por um lado, há nítidas semelhanças com os passos usualmente seguidos na avaliação de impactos de projetos – como o planejamento do EIA (definição do escopo), a descrição do ambiente afetado (diagnóstico) e a análise de impactos –, essa primeira proposição metodológica estruturada para impactos cumulativos não

Definição do escopo

Passo 1: Identificar as questões de impactos cumulativos associadas com a ação proposta e definir os objetivos da avaliação.

Passo 2: Estabelecer o escopo geográfico da análise.

Passo 3: Estabelecer o limite temporal da análise.

Passo 4: Identificar outras ações que afetem os recursos, ecossistemas e comunidades humanas de interesse.

Descrição do ambiente afetado

Passo 5: Caracterizar os recursos, ecossistemas e comunidades humanas de interesse selecionadas durante a fase de definição do escopo em termos de sua resposta à mudança e capacidade de resistir a pressões.

Passo 6: Caracterizar as pressões que afetam esses recursos, ecossistemas e comunidades humanas e suas relações com limiares regulatórios.

Passo 7: Definir uma condição de linha de base para os recursos, ecossistemas e comunidades humanas.

Determinação das consequências ambientais

Passo 8: Identificar as relações importantes de causa e efeito entre atividades humanas e recursos, ecossistemas e comunidades humanas.

Passo 9: Determinar a magnitude e a significância dos efeitos cumulativos.

Passo 10: Modificar ou acrescentar alternativas para evitar, minimizar ou mitigar efeitos cumulativos significativos.

Passo 11: Monitorar os efeitos cumulativos das alternativas selecionadas e adaptar a gestão.

Fig. 3.1 *Sequência de passos para orientar a inclusão dos impactos cumulativos nos estudos de impacto ambiental segundo o guia do Conselho de Qualidade Ambiental dos Estados Unidos*
Fonte: USCEQ (1997).

dava destaque para medidas mitigadoras e de gestão ambiental voltadas para esses impactos, as quais atualmente são consideradas essenciais e um dos maiores desafios.

Também durante os anos 1990, a prática de AIC começou a se firmar no Canadá. O extinto Conselho Canadense de Pesquisa em Avaliação Ambiental (CEARC), uma entidade criada em 1984 pelo Ministério do Meio Ambiente para apoiar a prática de avaliação de impacto ambiental por meio de pesquisa científica, organizou em 1985, em Toronto, em conjunto com o Conselho Nacional de Pesquisas dos Estados Unidos, uma oficina de trabalho reunindo pesquisadores e gestores para discutir impactos cumulativos e como lidar com eles, intitulada "Efeitos ambientais cumulativos: uma perspectiva binacional" (CEARC; USNRC, 1986). O evento resultou em um conjunto de recomendações "científicas" e "institucionais". No primeiro grupo encontra-se a recomendação de conduzir pesquisas para determinar "os tipos de indicadores e os limiares que poderiam ser mais úteis para avaliar e gerenciar diferentes tipos de efeitos cumulativos em diversos ambientes" (p. 165), certamente válida até hoje.

Em 1986, também promovidas pelo CEARC, três oficinas de trabalho foram realizadas no Canadá para discutir "questões científicas e gerenciais da avaliação de impactos cumulativos" (Sonntag et al., 1987, p. 1). Foram analisados casos e práticas então vigentes e formuladas recomendações para pesquisa que pudessem apoiar melhores práticas; uma das recomendações foi "desenvolver diretrizes para a avaliação de efeitos cumulativos" (p. 29). Identificou-se ainda a necessidade de desenvolvimento metodológico em tópicos como mapeamento de relações causais e avanços na modelagem de efeitos cumulativos.

Entretanto, passaram-se mais de dez anos até a publicação do primeiro guia canadense no final de década de 1990 (Hegmann et al., 1999), que estabelece recomendações (sem obrigatoriedade) para avaliar impactos cumulativos no âmbito da lei federal de avaliação ambiental de 1992. Com a mudança dessa lei em 2012, uma minuta de orientação foi preparada (CEAA, 2014) e atualizada (CEAA, 2018). A lei federal foi novamente modificada em 2019. Esses documentos sintetizam as tarefas de avaliação de maneira similar, em cinco etapas (Fig. 3.2) voltadas para avaliar impactos cumulativos em um EIA. A primeira etapa, a definição do escopo, envolve a seleção de componentes ambientais e sociais do projeto em questão e de outros projetos a serem considerados, e o estabelecimento dos limites temporais e espaciais do estudo. Depois da análise

Passo 1: Definição do escopo – etapa I
Selecionar os componentes, mediante consulta a partes interessadas, e os limites espaciais e temporais da avaliação.

Passo 2: Definição do escopo – etapa II
Identificar fontes de impactos sobre os componentes selecionados, incluindo atividades do passado cujos impactos persistem, empreendimentos e atividades existentes e projetos razoavelmente previsíveis, assim como outros fatores de pressão sobre os componentes que possam ser relevantes, como ocorrência de secas, inundações, incêndios, migração humana e colonização.

Passo 3: Reunir informação sobre a condição dos componentes selecionados
Analisar informação existente e identificar eventuais lacunas, coletar informação adicional, se necessário, com claro entendimento sobre o uso que terão os dados coletados, e compreender a reação de cada componente aos fatores de mudança e sua resiliência. Determinar a tendência de mudança na condição do componente.

Passo 4: Avaliar os impactos cumulativos sobre os componentes selecionados
Estimar o estado futuro dos componentes selecionados que possa resultar do conjunto de atividades do passado, do presente e razoavelmente previsíveis no futuro.

Passo 5: Avaliar a significância dos impactos previstos
Esta atividade é realizada de maneira iterativa com o passo seguinte, considerando limiares de significância de impactos.

Passo 6: Gestão de impactos cumulativos – planejamento e implementação
Verificar a necessidade de medidas de mitigação adicionais àquelas propostas no EIA e avaliar se é necessária a colaboração com outros agentes para mitigação de impactos cumulativos.

Fig. 3.4 *Sequência de passos para orientar a inclusão dos impactos cumulativos nos estudos de impacto ambiental de projetos*
Fonte: adaptado de IFC (2013).

para a determinação da significância. Nesse guia, para cada um dos passos são estabelecidos objetivos e formuladas perguntas a serem respondidas durante o planejamento e a execução da avaliação de impactos cumulativos (Quadro 3.1).

As Figs. 3.1 a 3.4 condensam apenas os pontos essenciais desses guias, os quais contêm níveis variados de detalhamento de suas diretrizes. Uma característica em comum dessas fontes é a importância atribuída à definição do escopo. Investir tempo e recursos suficientes no planejamento de uma AIC e envolver as partes interessadas são extremamente importantes para seu sucesso.

As partes interessadas são essencialmente os mesmos indivíduos e grupos que deveriam ser envolvidos em qualquer avaliação de impactos, a exemplo de pessoas e grupos atingidos, possíveis beneficiários, autoridades locais, órgãos governamentais, organizações da sociedade civil e organizações não governa-

QUADRO 3.1 **Perguntas a serem respondidas em cada etapa da avaliação de impactos cumulativos**

Etapa	Pergunta norteadora
Definição do escopo	Quem deve ser envolvido? Quais componentes, recursos, ecossistemas ou valores humanos poderão ser afetados? Há preocupação com impactos cumulativos já existentes? Há outras atividades existentes ou planejadas afetando os mesmos componentes? Há forças ou fenômenos naturais que afetam os mesmos componentes?
Diagnóstico e base de referência	Qual é a condição atual de cada componente selecionado? Quais são os indicadores utilizados para avaliar a condição atual?
Análise de impactos – identificação e previsão	Quais são os riscos e impactos potenciais que podem afetar a sustentabilidade ou a viabilidade de longo prazo do componente? Há relações causais conhecidas ou previsíveis? Os impactos e riscos podem interagir entre si?
Análise de impactos – avaliação	Os impactos afetam a sustentabilidade ou a viabilidade dos recursos ou componentes? Quais são as consequências e o balanço de perdas e ganhos (trade-offs) de realizar a ação em comparação com a sua não realização?
Mitigação – planejamento e implementação	Como os impactos cumulativos podem ser evitados ou minimizados? Como a eficácia das medidas mitigadoras propostas pode ser avaliada? Quais são os alertas para implementação de medidas de gestão adaptativa?

Fonte: adaptado de IFC (2013).

mentais, empresas que atuam ou têm projetos, universidades e institutos de pesquisa na região (Kvam, 2017, p. 20).

Nos Estados Unidos, a AIC realizada como parte do EIA é regulamentada de modo detalhado para certos tipos de atividades, como a construção de rodovias, a exemplo dos guias dos Estados da Califórnia e Washington. O guia da Califórnia para avaliação de impactos cumulativos de projetos de transporte (Caltrans, 2005) descreve um processo em oito passos e inclui uma série de orientações para atender aos requisitos da legislação, que se aplicam sempre que é necessária a preparação de um estudo de impacto ambiental ou um estudo ambiental simplificado (*environmental assessment*).

No Estado de Washington, o manual ambiental do Departamento de Transportes (WSDOT, 2022) orienta a preparação de um capítulo separado para impactos cumulativos e o seguimento de "cinco passos analíticos": (i) descrever a condição atual e as tendências do recurso (componente), (ii) resumir os impactos do projeto sobre os recursos selecionados, (iii) descrever outras ações e seus impactos sobre os recursos selecionados, (iv) estimar os efeitos combinados e (v) propor mitigação.

Ainda no ramo de rodovias, a Associação Americana de Técnicos Estaduais de Rodovias e Transportes (AASHTO, 2016) produziu um manual de avaliação de efeitos indiretos e cumulativos que também contém orientações para definição do escopo, realização da avaliação e proposição de mitigação.

Outras sequências de passos foram propostas com finalidades particulares, como atender a especificidades de certos setores, a exemplo da geração eólica *offshore* de eletricidade (Renewable UK, 2013), ou considerar impactos cumulativos em avaliações ambientais estratégicas (Levett-Therivel..., 2020).

Considerando essas várias fontes e a bibliografia acadêmica, neste livro a avaliação de impactos cumulativos será apresentada em cinco etapas, conforme a Fig. 3.5. Os passos serão resumidos neste capítulo e desenvolvidos nos capítulos subsequentes.

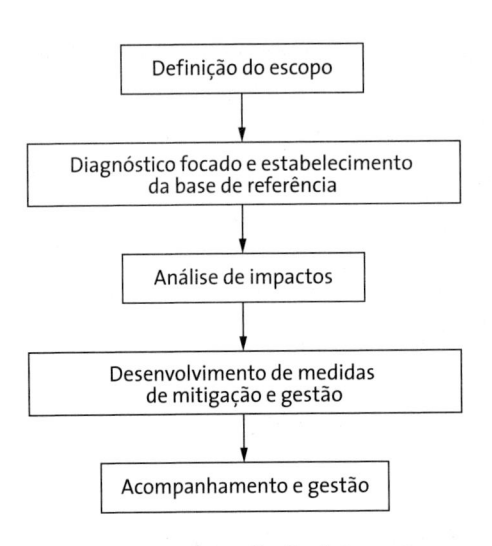

Fig. 3.5 *Etapas da avaliação de impactos cumulativos*

3.1 Definição do escopo

Não se deve economizar esforços para estabelecer o escopo de uma AIC, particularmente quando a prática não é regulamentada e não existem diretrizes oficiais. Para planejar uma AIC, é importante que a equipe tenha uma visão de conjunto das principais questões envolvidas, buscando entender o papel que poderá ter o projeto ou projetos avaliados como impulsionador de transformações em sua área de influência.

O guia canadense (Hegmann *et al.*, 1999) recomenda "identificar questões regionais de interesse" relativas aos recursos ou componentes ambientais que possam ser considerados na AIC. Canter (2015) também sugere identificar as principais preocupações relacionadas a efeitos significativos para definir os objetivos de avaliação. Processos socioeconômicos de escala regional, como dinâmica demográfica, alocação de investimentos e mudanças de uso do solo, devem ser compreendidos para estabelecer o contexto da AIC.

A definição do escopo envolve, portanto, a determinação da abrangência da avaliação, indicando, principalmente, se o âmbito da avaliação é circunscrito a avaliar os impactos incrementais de um único projeto, avaliar os impactos de um grupo determinado de projetos ou se é uma avaliação de âmbito regional (Fig. 2.1).

Uma vez estabelecidos com clareza os objetivos e a finalidade da avaliação de impactos cumulativos, a definição do escopo envolve as tarefas descritas no Quadro 3.2, que serão detalhadas no Cap. 4. Essas tarefas estão interligadas e devem ser realizadas em paralelo. Por exemplo, a definição dos limites espaciais ou área de estudo é feita levando em conta a localização dos demais projetos que serão incluídos na AIC e que poderão afetar os componentes selecionados, ao passo que a marcação do horizonte temporal futuro deve considerar os respectivos cronogramas dos projetos incluídos.

QUADRO 3.2 **Tarefas para definição de escopo da avaliação de impactos cumulativos**

Tarefa	Funções
Delinear o contexto geral do estudo	• Propiciar à equipe de avaliação e às partes interessadas uma visão de conjunto das principais questões envolvidas
Identificar e selecionar componentes ambientais e sociais para avaliação, em conjunto com as partes interessadas	• Focalizar a avaliação sobre um número limitado de componentes que possam ser afetados de maneira significativa
Selecionar projetos a serem considerados	• Caracterizar outras fontes de impactos cumulativos sobre os componentes selecionados • Informar a definição de cenários

Quadro 3.2 (continuação)

Tarefa	Funções
Identificar outros indutores de mudança que possam afetar os componentes selecionados	• Caracterizar ações não planejadas, porém previsíveis, que possam representar fontes de impactos cumulativos sobre os componentes selecionados • Informar a definição de cenários
Estabelecer a área de estudo	• Definir limites espaciais para coleta de dados sobre outros projetos e indutores de mudança • Definir limites espaciais para a realização do diagnóstico do estado dos componentes selecionados • Informar a definição de cenários
Estabelecer o horizonte temporal do estudo	• Definir limites temporais no passado para realização do diagnóstico do estado dos componentes selecionados e descrição da trajetória de mudança • Definir limites temporais no futuro para projetar tendências de mudança • Informar a definição de cenários
Definir cenários para avaliação	• Construir configurações plausíveis de futuro para previsão e avaliação de impactos

3.2 Diagnóstico focado e estabelecimento da base de referência

O objetivo do diagnóstico é reunir informações relevantes sobre cada componente selecionado, de modo a não apenas descrever sua situação atual, mas principalmente compreender seu comportamento em face das pressões dos projetos e sua resiliência.

Para cada componente, busca-se descrever suas condições históricas e atuais e projetar as tendências de suas condições futuras. Essa será a base de referência para a avaliação dos impactos do projeto ou grupo de projetos.

Com tal finalidade, realizam-se: (i) uma análise retrospectiva, para estabelecer a trajetória do componente dentro do horizonte temporal passado estabelecido para a avaliação, e (ii) uma análise prospectiva, procurando definir tendências futuras na ausência dos projetos considerados.

É importante preparar um diagnóstico:
- com foco nos componentes selecionados;
- redigido de maneira sintética, contendo apenas informação relevante;
- que contenha informação especializada (mapas) e de fácil visualização;
- que auxilie a previsão e avaliação dos impactos sobre os componentes selecionados;
- que estabeleça uma linha de base para monitoramento, acompanhamento e gestão.

Diferentemente de um EIA, cujo diagnóstico é construído a partir de dados primários e secundários, para avaliar impactos cumulativos espera-se que o diagnóstico possa ser feito essencialmente a partir de dados existentes, inclusive os dados coletados e analisados no próprio EIA, caso a AIC faça parte dele. A coleta de novos dados, se necessária, deve ter o objetivo de cobrir lacunas de informação sobre os componentes selecionados.

Tanto a reunião de dados de fontes existentes quanto a coleta de novos dados, caso necessária, devem ser devidamente planejadas, de modo que o diagnóstico possa responder às seguintes perguntas:
- Quais são os indicadores apropriados para caracterizar a situação atual e a trajetória passada do componente?
- Há lacunas importantes de informação?
- Qual o estado ou a situação atual do componente?
- Qual a trajetória passada do componente? Quais foram os principais indutores de mudança?
- Quais as tendências futuras (na ausência dos projetos em análise)?
- Qual a resiliência ou a vulnerabilidade do componente? Há limiares aplicáveis? Quais?

Não é trivial produzir essas respostas; é preciso reconhecer incertezas ou lacunas de informação que não poderão ser preenchidas por estudos adicionais, pois elas podem influenciar a avaliação de impactos e, por isso, devem ser devidamente explicitadas e comunicadas (Cárdenas; Halman, 2016).

Não é suficiente que o diagnóstico apresente um retrato da situação atual do componente, é necessário mostrar as mudanças ocorridas ao longo do tempo e prognosticar as tendências futuras na ausência do projeto ou conjunto de projetos considerados. O diagnóstico socioambiental para uma AIC deve ser mais parecido com um filme do que com uma fotografia. Entrevistando profissionais e pesquisadores de avaliação de impacto no Canadá, Joseph et al. (2023, p. 164) encontraram que 82% dos informantes entendem que a previsão de impactos futuros é melhor se "fundamentada em um entendimento de como o passado contribuiu para a condição presente do componente selecionado".

Canter (2015) lembra que o diagnóstico deve caracterizar as pressões (*stressors*) que afetam esses componentes (recursos, ecossistemas e comunidades humanas, na expressão empregada pela regulamentação dos Estados Unidos) e sua relação com limiares regulatórios, além de definir uma linha de base para tais recursos, ecossistemas e comunidades humanas. Limiares regulatórios são alterações consideradas toleráveis na condição de um componente ambiental ou social determinadas por via legal, a exemplo de padrões de qualidade do ar ou da água.

O uso de indicadores, como ilustrado na Fig. 3.6, geralmente é recomendado, pois eles servem para descrever o estado atual do componente, sua trajetória histórica e sua provável situação futura. Em certas situações, os indicadores podem ser comparados com limiares ou limites aceitáveis de mudança para determinar a significância dos impactos. Indicadores têm utilidade no diagnóstico, na análise de impactos e na fase de acompanhamento.

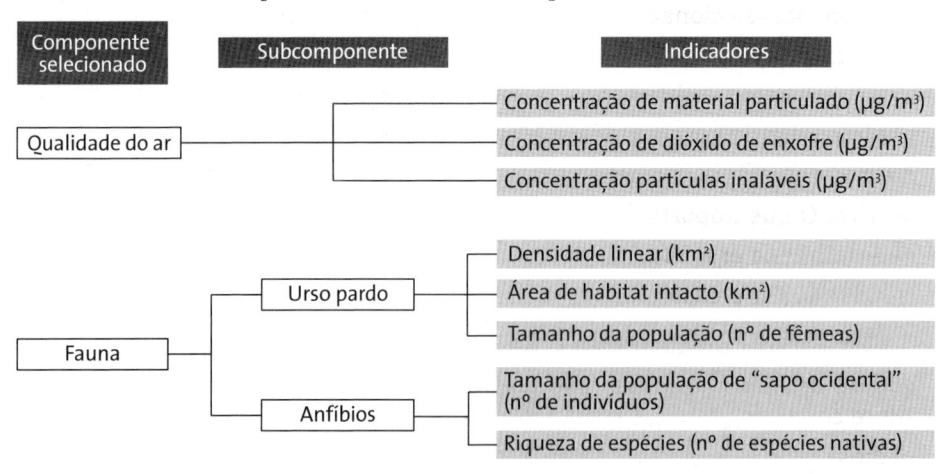

Componente selecionado	Subcomponente	Indicadores
Qualidade do ar		Concentração de material particulado ($\mu g/m^3$)
		Concentração de dióxido de enxofre ($\mu g/m^3$)
		Concentração partículas inaláveis ($\mu g/m^3$)
Fauna	Urso pardo	Densidade linear (km^2)
		Área de hábitat intacto (km^2)
		Tamanho da população (n° de fêmeas)
	Anfíbios	Tamanho da população de "sapo ocidental" (n° de indivíduos)
		Riqueza de espécies (n° de espécies nativas)

Fig. 3.6 *Exemplos de indicadores empregados na avaliação de impactos cumulativos de um projeto de gasoduto no Canadá*
Fonte: Murray et al. (2018).

A realização do diagnóstico envolve caracterizar os recursos, ecossistemas e comunidades humanas identificadas na definição do escopo em termos de sua resposta às mudanças e capacidade de resistir às pressões (Canter, 2015; IFC, 2013). Dessa forma, é preciso dar um passo além da descrição da trajetória passada e da condição atual de cada componente e analisar se limiares aceitáveis já teriam sido ultrapassados ou se ainda há "espaço" para mais alteração, e se novos projetos estariam dentro da capacidade de suporte ou da resiliência do componente.

Por esses motivos, o tipo de diagnóstico necessário na AIC é analítico. Meras descrições do estado atual são de pouca utilidade. Diagnóstico analítico é entendido como aquele que explica a trajetória dos componentes ambientais e sociais selecionados, identifica os principais indutores de mudança ao longo do tempo que levaram à condição atual, e analisa se tal condição é sustentável.

3.3 Análise de impactos

A análise de impactos visa determinar como as atividades dos projetos e demais ações identificadas na definição do escopo poderão afetar os componentes selecionados na escala temporal e espacial indicada para a AIC. Os impactos são as mudanças na condição futura de cada componente.

Idealmente, a análise deveria determinar a contribuição proporcional do projeto ou conjunto de projetos analisados para as mudanças previstas em cada componente selecionado. Entretanto, não se trata de avaliar a significância dos impactos do projeto comparando-os com os impactos de outras ações, e sim de avaliar como os impactos se acumulam, de maneira aditiva ou sinérgica, aos impactos de outras ações. O fato de o projeto contribuir pouco para alterar o estado do componente ambiental ou social não torna o impacto não significativo. O que importa é o efeito total sobre o componente. A avaliação deve determinar se esse efeito final, no horizonte temporal considerado, ultrapassará *limiares de aceitabilidade* ou afetará a *resiliência* do componente.

A análise envolve três passos: (i) clara identificação dos impactos, relacionando-os às respectivas causas; (ii) previsão da magnitude das mudanças sobre cada componente selecionado; e (iii) avaliação da significância dos impactos.

Segundo Smit e Spaling (1995, p. 82), a identificação de impactos pode mapear relações de causalidade em três etapas:

1. identificação de fontes de mudanças ambientais cumulativas;
2. identificação das vias ou processos de acumulação (relações de causa e efeito), considerando que mudanças ambientais se acumulam no tempo e no espaço de modo aditivo ou interativo;
3. desenvolvimento de uma tipologia de efeitos cumulativos, considerando que as mudanças podem ser diferenciadas, em geral de acordo com atributos temporais ou espaciais.

Em grande medida, a análise de impactos em uma AIC não difere da análise de impactos em um EIA, uma vez que é preciso estabelecer uma escala de magnitude do impacto e uma escala de importância ou vulnerabilidade do componente e combiná-las segundo regras explícitas e bem fundamentadas. Porém, há uma diferença fundamental: na AIC, para determinar a significância dos impactos, em geral se recomenda a comparação da situação futura prevista do componente com limiares ou limites aceitáveis de mudança (LAM). Essa é provavelmente a parte mais difícil da AIC porque, com poucas exceções, não se sabe quais são os limiares, o ponto além do qual a resiliência de um componente ambiental ou social seria ultrapassada e, portanto, seria requerida "ação para prevenir degradação inaceitável da condição do componente" (Joseph *et al.*, 2017).

De acordo com Duinker *et al.* (2013, p. 47), "limiares são o ponto fraco da AIC". Para certos componentes, como ar (qualidade) e água (qualidade), há padrões legais que representam limiares bem estabelecidos, mas para componentes bióticos e sociais é muito mais difícil definir limites de aceitabilidade de mudança. Particularmente para impactos socioeconômicos, os limiares aceitáveis sempre dependerão do contexto e somente poderão ser estabelecidos mediante processos participativos.

3.4 Desenvolvimento de medidas de mitigação e gestão

A mitigação de impactos cumulativos usualmente requer a colaboração de múltiplas partes, se possível proporcional às respectivas contribuições para a degradação dos componentes selecionados, e na medida da capacidade de cada uma. A mitigação de impactos de cada projeto pode não ser suficiente para manter os impactos cumulativos dentro de limites aceitáveis. Afinal, "impactos cumulativos requerem soluções cumulativas" (Canter, 2015).

Ao avaliar impactos cumulativos no âmbito de um EIA, é preciso verificar se as medidas mitigadoras dos impactos do projeto são suficientes para também mitigar os impactos cumulativos. A mitigação não é algo que se "acrescenta" a um projeto para reduzir seus impactos, mas sim um conjunto de ações que devem seguir uma ordem de preferência, conhecida como hierarquia de mitigação. Nela, a preferência é por medidas que podem evitar impactos ou reduzir sua magnitude. Por exemplo, no caso de uma linha de transmissão em uma paisagem fragmentada, onde há remanescentes de vegetação nativa em uma matriz de pastagens e culturas, a "contribuição" do projeto para perda ainda maior de vegetação nativa pode ser mitigada mediante um desenho que evite ou pelo menos minimize a supressão de vegetação dos fragmentos remanescentes. A mitigação embutida no projeto, pensada como parte da sua preparação, é a melhor forma de evitar impactos cumulativos. Esse tipo de mitigação é também conhecido como mitigação preventiva ou projetada (*mitigation by design*).

Medidas corretivas formam os dois níveis seguintes da hierarquia de mitigação: recuperação ou reparação de um componente ambiental e, quando estas não forem suficientes, a compensação. A distinção entre esses dois tipos de mitigação corretiva é geralmente clara em um EIA: o que é ou pode ser objeto de reparação costuma ser os impactos diretos do projeto. Um exemplo típico é a recuperação de áreas degradadas na mineração e em canteiros de obras de construção civil. Já quando se trata de impactos cumulativos, como o foco está na condição ou na sustentabilidade dos componentes ambientais ou sociais selecionados, a compensação dos impactos de determinado projeto pode ter como objetivo reparar impactos causados no passado por outros agentes.

Para mitigar impactos cumulativos, ou seja, prover "soluções cumulativas", é preciso trabalhar ao longo de todo o espectro da hierarquia de mitigação, em conjunto e de maneira coordenada com outros agentes.

3.5 Acompanhamento e gestão

A fase de acompanhamento é subsequente à aprovação de um projeto, conjunto de projetos, plano ou programa. Um grupo de ferramentas pode ser empregado para acompanhamento de projetos individuais, tais como monitoramento ambiental, supervisão ambiental da construção, auditorias ambientais e fiscalização realizada pelo poder público. Essas ferramentas também são úteis para a gestão de impactos cumulativos, mas precisam ser complementadas por arranjos institucionais adequados para organizar a atuação de empreendedores, órgãos públicos e organizações da sociedade civil.

Para a gestão de impactos cumulativos, as atividades de acompanhamento de cada projeto seriam, idealmente, coordenadas ou compatibilizadas. Franks *et al.* (2010) propõem uma hierarquia de ações para coordenar essa gestão. O primeiro degrau da hierarquia é a simples partilha de informações entre diferentes empresas cujas atividades afetam os mesmos componentes ambientais e sociais, por exemplo, dados de emissões de efluentes e de qualidade da água em determinada bacia hidrográfica. Embora não haja nenhuma dificuldade técnica ou metodológica, a partilha de informação entre empresas é rara.

O compartilhamento de uma rede de monitoramento está um degrau acima da simples difusão de informação. No entanto, a própria fragmentação da atuação governamental na gestão ambiental não facilita e, inclusive, pode dificultar o estabelecimento de planos regionais de monitoramento. Por exemplo, Sánchez *et al.* (2014) documentaram que empresas do mesmo setor, atuando em áreas adjacentes, têm programas individuais de monitoramento de qualidade da água executados praticamente nos mesmos pontos, atendendo às condicionantes de suas respectivas licenças.

A colaboração entre múltiplos agentes beneficiaria o desenvolvimento e implantação conjunta de programas de monitoramento de impactos cumulativos e implementação coordenada de certos programas de gestão, mobilizando não apenas recursos financeiros, mas também recursos humanos e conhecimento para ações coordenadas de gestão.

Níveis mais elevados de gestão de impactos cumulativos envolvem o estabelecimento, com base em estudos técnicos e negociação entre partes, de limites aceitáveis de mudança para determinados componentes ambientais em certos espaços, como bacias hidrográficas. Nos casos em que é possível estabelecer tais limites, as decisões de gestão e também a aprovação de novos projetos que possam afetar esses componentes devem ser informadas pelo objetivo de respeitar os limites aceitáveis.

Assim, para o adequado acompanhamento dos impactos cumulativos é preciso:

- definir necessidades de colaboração e partilha de responsabilidades para o monitoramento e implementação de programas de gestão;

3.6 Pontos de destaque

- monitorar a situação dos componentes selecionados e determinar a influência de cada empreendimento.
- A metodologia geral de avaliação de impactos cumulativos é bem estabelecida.
- A prática de avaliação de impactos cumulativos começou a se consolidar nos anos 1990.
- Avaliam-se os efeitos totais, de ações passadas, presentes e futuras, sobre componentes ambientais e sociais selecionados.
- Avaliam-se apenas os impactos sobre determinados componentes ambientais e sociais, selecionados segundo critérios explícitos e justificados.
- É necessário compreender a trajetória passada de mudança dos componentes selecionados e suas tendências futuras na ausência do projeto ou conjunto de projetos avaliados.
- Investir tempo e recursos suficientes no planejamento cuidadoso de uma avaliação de impactos cumulativos e envolver partes interessadas são passos extremamente importantes para seu sucesso.
- O tempo investido no planejamento será economizado na execução da avaliação de impactos cumulativos.
- Como em outros campos de planejamento, é útil pensar do fim para o começo: definir os objetivos e, em seguida, os passos, ou um plano, para atingi-los.
- As etapas fundamentais da avaliação de impactos cumulativos são: (i) definição do escopo; (ii) preparação de um diagnóstico focado e uma base de referência para avaliação; (iii) análise de impactos; (iv) desenvolvimento de medidas de mitigação e gestão; e (v) preparação de um plano de acompanhamento e gestão.

PLANEJAMENTO DA AVALIAÇÃO DE IMPACTOS CUMULATIVOS

4

A palavra *escopo* tem origem grega, *skopós* (σκοπός), e significa alvo, meta. Também tem o sentido de lugar de observação, ou seja, de onde se olha e para onde se olha. Definir o escopo de um estudo ambiental significa determinar para onde os autores do estudo vão olhar, o que vão investigar e qual será o alcance do estudo.

Quando se trata de uma avaliação de impactos cumulativos, para estabelecer o seu escopo, cinco questões devem ser objeto de reflexão e respondidas em paralelo:

1. Sobre quais componentes ambientais e sociais deve ser focada a avaliação?
2. Serão estudados os impactos de qual grupo de projetos?
3. Quais outras forças ou indutores de mudança, que influenciam os componentes, devem ou podem ser considerados?
4. Qual a delimitação mais apropriada para a área de estudo?
5. Quais limites temporais, no passado e para o futuro, devem ser considerados?

Todas as respostas estão relacionadas, pois uma depende da outra (Fig. 4.1). Como ponto de partida, deve-se compreender a finalidade da avaliação, ou seja, para que será feita uma AIC? A finalidade, por sua vez, depende dos motivadores da AIC – por que ela será realizada? Essas perguntas devem nortear a definição do escopo.

Definir o escopo de qualquer estudo ambiental não deve ser tarefa exclusiva de um único agente, mas o resultado de entendimento partilhado entre as principais partes com interesse no assunto, como o(s) proponente(s) de projetos, organizações da sociedade civil, comunidades afetadas e diversos órgãos públicos envolvidos – por exemplo, aqueles que tenham responsabilidade de gestão de determinado recurso ambiental, como água, e os que tenham atribuição de conceder licenças ou autorizações.

4.1 Delineamento do contexto geral do estudo

O planejamento de qualquer estudo ambiental demanda bom entendimento do contexto em que será executado. Para serviços com a finalidade de atender a obrigações legais, como o licenciamento ambiental, o contexto é geralmente bem compreendido pela equipe de consultores e as tarefas a serem desenvol-

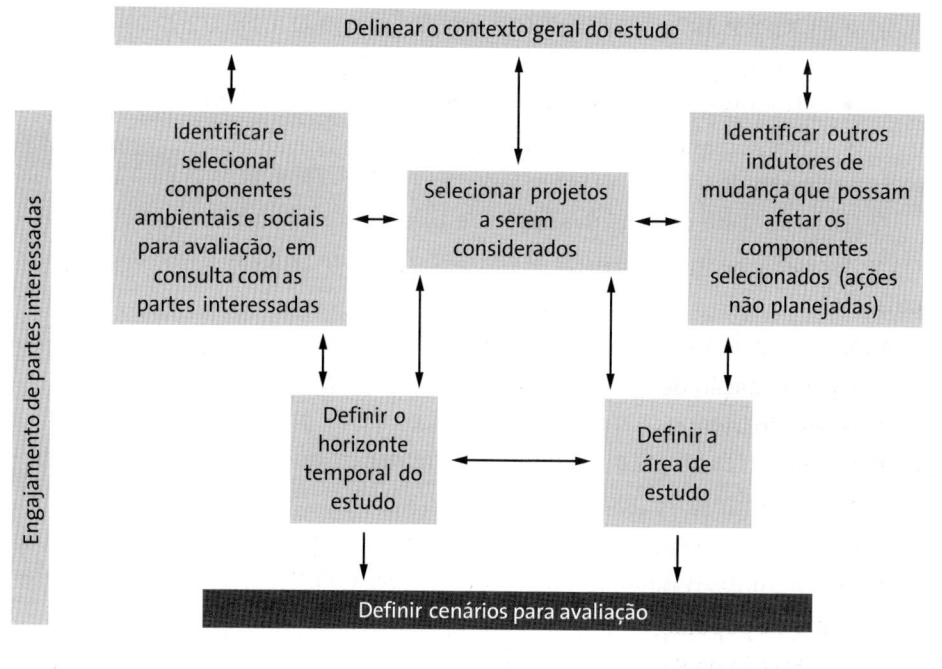

Fig. 4.1 Principais atividades na definição do escopo de uma avaliação de impactos cumulativos

Fluxograma:
- Delinear o contexto geral do estudo
- Engajamento de partes interessadas
- Identificar e selecionar componentes ambientais e sociais para avaliação, em consulta com as partes interessadas
- Selecionar projetos a serem considerados
- Identificar outros indutores de mudança que possam afetar os componentes selecionados (ações não planejadas)
- Definir o horizonte temporal do estudo
- Definir a área de estudo
- Definir cenários para avaliação

vidas durante a avaliação são bem conhecidas – por exemplo, realização de levantamentos de vegetação ou inventários florestais e estudo do potencial arqueológico.

Já para uma AIC, os estudos devem necessariamente ser focados em determinados componentes, cuja seleção deve ser criteriosa e muito bem fundamentada. Por esse motivo, é muito importante entender o contexto socioambiental, econômico, regulatório e até mesmo político, de modo que se possa identificar as principais forças motrizes de mudança do ambiente na área de interesse para avaliação.

Processos de dinâmica socioeconômica regional que afetam recursos, comunidades e ecossistemas que podem ser considerados para avaliar impactos cumulativos incluem:

- crescimento populacional;
- avanço do desmatamento;
- avanço da urbanização;
- escassez hídrica;

- crescimento de determinado setor de atividade econômica, como turismo;
- projetos de infraestrutura;
- investimentos em setores como silvicultura, agropecuária e mineração.

Por exemplo, se na área de interesse é observado crescimento populacional acima da média regional ou estadual, é provável que estejam ocorrendo movimentos migratórios. Em consequência, é importante conhecer os fatores de atração. A realização de grandes investimentos ou mesmo o anúncio de grandes projetos são indutores de mudança que costumam alavancar o crescimento populacional.

No município de Caraguatatuba, litoral norte de São Paulo, investimentos no processamento de gás natural, melhorias de infraestrutura e crescimento contínuo do turismo sazonal, inclusive nos municípios vizinhos, impulsionaram um aumento da população de 735% em 50 anos, em comparação com o aumento de 159% no Estado de São Paulo (Fig. 4.2).

Esse crescimento foi impulsionado por diversos investimentos públicos realizados ao longo de décadas, como o asfaltamento da principal via de acesso, atualmente denominada rodovia dos Tamoios, em 1957, as melhorias de traçado nos anos de 1970, a sua duplicação entre maio de 2012 e março de 2022, a construção de nova rodovia interligando a rodovia dos Tamoios a São Sebastião, além da construção de um anel viário de Caraguatatuba, de uma unidade industrial de tratamento do gás extraído do campo oceânico de Mexilhão, que começou a operar em 2011, e de um gasoduto que cruza a Serra do Mar.

A contextualização para fins de definição de escopo também pode incluir projeções futuras. Após o anúncio de diversos projetos de investimento nos se-

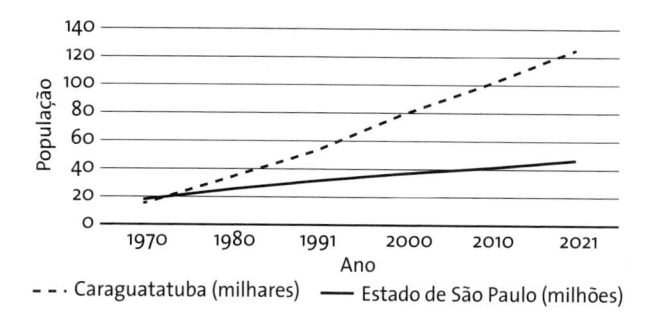

Fig. 4.2 *Crescimento populacional em Caraguatatuba e no Estado de São Paulo. Dados coletados e disponibilizados pelo IBGE*

tores de mineração de ferro e siderurgia na região de Congonhas, Minas Gerais, projeções de crescimento populacional para sete municípios, feitas pelo Centro de Desenvolvimento e Planejamento Regional da Universidade Federal de Minas Gerais, indicaram possível aumento da população de cerca de 75% em 15 anos (para Congonhas, a projeção foi de 98% de crescimento), em comparação com um aumento estimado de cerca de 7% no mesmo período sem a implantação dos projetos anunciados (sendo de 11% para Congonhas) (Sánchez et al., 2014). O aumento da população implica expansão e adensamento da área urbana, maior consumo de água, um recurso escasso na região, maior geração de resíduos sólidos e de esgotos, assim como maior vazão de águas pluviais, contribuindo conjuntamente para a degradação da qualidade das águas, também um impacto dos projetos de mineração e siderurgia (Neri; Dupin; Sánchez, 2016).

No estudo de caráter regional preparado pelo BID para a região do Chaco paraguaio, os autores destacam que na região se observa uma das mais altas taxas de mudança de uso do solo e de desmatamento do mundo (Hurwitz et al., 2022), estabelecendo o contexto para avaliar impactos de vários projetos de infraestrutura que, por sua vez, podem exacerbar a perda de vegetação nativa.

Em uma AIC de base regional preparada para a IFC no Nepal (IFC, 2020), motivada pela grande quantidade de projetos de aproveitamento hidrelétrico, foram considerados os seguintes indutores de mudança (*stressors*) e projetos existentes ou antecipados apontados como significativos em vista das condições existentes dos componentes selecionados:

- mudanças climáticas;
- pesca não regulamentada;
- consequências do terremoto ocorrido no Nepal em 2015;
- desenvolvimento hidrelétrico;
- programa de melhoria de rodovias;
- extração de areia e cascalho dos rios;
- urbanização e desenvolvimento industrial;
- imigração.

A contextualização do estudo concluiu que os impactos dos empreendimentos hidrelétricos sobre os componentes selecionados (como hábitats aquáticos) poderiam ser exacerbados por esse conjunto de fatores, que inclui atividades informais como pesca e extração de areia e cascalho, a construção e melhoria de rodovias, em parte para acesso aos canteiros de obras, as consequências do terremoto de grande magnitude ocorrido em abril de 2015 e as mudanças climáticas (World Bank, 2022).

4.2 Seleção de componentes

Toda AIC é limitada a um pequeno número de componentes. Na prática, "pequeno" pode significar entre três e dez, eventualmente um pouco mais, mas não há regra absoluta, pois o número de componentes depende da finalidade da AIC e, claro, de como se delineia um componente para fins de avaliação. "Fauna" seria um componente demasiado abrangente, enquanto "aves" e "anfíbios" podem ser tratados como componentes em uma AIC, assim como uma determinada espécie de ave, anfíbio ou outro grupo.

Sempre é o contexto do estudo que deve guiar a escolha. Nas avaliações de impactos cumulativos realizadas nos Estados Unidos e no Canadá como parte de estudos de impacto ambiental, pode haver dezenas de componentes (Murray et al., 2018). Por exemplo, em um EIA de um plano de gestão de atividades recreativas com veículos motorizados fora de estrada (USNPS, 2017), todos os componentes incluídos no estudo (onze) tiveram seus impactos cumulativos avaliados, ao passo que dez outros componentes foram descartados de qualquer avaliação.

Em uma análise de avaliações de impactos de três projetos em uma mesma bacia hidrográfica (duas centrais hidrelétricas e uma linha de transmissão) na província canadense de Manitoba, foram selecionados 114 componentes no total (Noble; Liu; Hackett, 2017). Muitos, entretanto, eram espécies da fauna nativa, incluindo três peixes, três mamíferos de grande porte e seis espécies de aves.

Em onze avaliações de impactos cumulativos de projetos hidrelétricos realizadas como parte dos respectivos EIAs pela empresa Hydro-Québec, também no Canadá, um total de onze componentes foram abordados, e o número de componentes por projeto variou entre um e cinco (Bérubé, 2007).

É importante e necessário empregar critérios claros para selecionar os componentes e documentar devidamente o processo de escolha. O ponto de partida, ou o primeiro teste para seleção, são os impactos do projeto ou grupo de projetos que se pretende avaliar, pois apenas componentes que poderão ser afetados por esses projetos devem entrar na avaliação. Assim, um parque eólico pode

Nesse caso, partes interessadas foram envolvidas na seleção de componentes desde o início. Foram identificadas e caracterizadas 33 partes interessadas, entre empresas, autoridades nacionais, autoridades provinciais e locais, organizações da sociedade civil, comunidades afetadas e organizações não governamentais. Uma seção do estudo foi dedicada à caracterização desses grupos, sintetizando suas preocupações em relação ao desenvolvimento hidrelétrico e os impactos que ele pode causar, e sua relevância para a implementação de medidas de gestão de impactos cumulativos.

A partir de uma lista inicial de dez componentes preparada pela equipe de avaliação, três perguntas foram feitas sucessivamente e, por fim, seis componentes foram escolhidos: hábitats aquáticos, hábitats terrestres, recursos hídricos, sítios culturais e religiosos e meios de vida da população. Inicialmente, foram considerados também estabilidade de taludes, comunidades indígenas, florestas comunitárias e saúde da comunidade, que não foram retidos pelo crivo de seleção. Para cada componente listado, foram apresentados os motivos de terem sido considerados e as justificativas para sua inclusão ou exclusão. No Quadro 4.1 são resumidos exemplos do arrazoado empregado na seleção dos componentes.

Assim, os hábitats aquáticos foram incluídos na avaliação porque

> os impactos de projetos hidroelétricos sobre a biodiversidade aquática são bem conhecidos [...]. Além de barreiras à migração e dispersão de peixes, projetos hidroelétricos também podem alterar as vazões e o fluxo de sedimentos a jusante, os períodos e as taxas de mudança de regime [...] e a qualidade da água, alterando a composição e abundância relativa das espécies, e podem perturbar os sinais associados às vazões que ativam processos importantes como migração ou desova (IFC, 2020, p. 83).

Por sua vez, a saúde da comunidade foi inicialmente incluída na lista de componentes por estar ligada à qualidade da água, emissões poluentes e microclima no entorno dos reservatórios (IFC, 2020, p. 57), mas não foi priorizada como componente.

Em uma AIC de cinco projetos de parques eólicos na Jordânia, situados em área vizinha a um local de pouso de aves migratórias reconhecido como área importante para aves (*important bird area*, IBA), que recebe cerca de 1,5 milhão de

QUADRO 4.1 **Exemplos de resumo da justificativa de inclusão e exclusão de componentes na avaliação de impactos cumulativos de projetos hidrelétricos no Nepal**

Componente	Impactos diretos dos projetos hidrelétricos	Partes interessadas que indicaram relevância	Considerações sobre impactos cumulativos
Hábitats aquáticos [componente selecionado]	• Alteração do regime de vazão de água e de sedimentos a jusante • Barreiras à migração de peixes	Associação "X", Associação "Z", Comunidade "A" e Governo local "G"	• Estudos hidrológicos apontam para variações de temperatura devidas a diferentes modalidades de operação das barragens, com afetação provável da ecologia aquática • Fontes de pressão como mineração de areia e cascalho estão exacerbando impactos adversos sobre os hábitats aquáticos, requerendo uma abordagem à escala de bacia para avaliação e mitigação • 56% das pessoas que responderam ao questionário pensam que a biodiversidade aquática é um importante componente impactado pelo futuro desenvolvimento hidrelétrico
Saúde da comunidade [componente não selecionado]	Estudos de impacto ambiental de projetos anteriores indicaram pressão sobre infraestrutura de saúde, deficiências nos sistemas de abastecimento de água, degradação da qualidade da água e introdução de doenças transmissíveis	Associação "S" e Autoridade local "A"	Grupos de partes interessadas concordaram que as questões de saúde são localizadas e devem ser acompanhadas pelos municípios e pelo Departamento de Saúde

Fonte: adaptado de IFC (2020, p. 78-80).

aves a cada ano, inclusive 25 espécies ameaçadas ou vulneráveis, dez possíveis componentes foram considerados, dos quais apenas três foram retidos para avaliação de impactos cumulativos, conforme resumo no Quadro 4.2.

Na avaliação dos impactos cumulativos das obras de descaracterização simultânea de barragens de rejeitos em Minas Gerais, a ser realizada por várias empresas por determinação legal, foram primeiro listados os impactos desse tipo de obras. Uma lei estadual de fevereiro de 2020 obrigou todas as empresas com barragens de rejeitos de mineração construídas pelo chamado método de alteamento a montante a paralisar a operação dessas estruturas, além de indicar que todas essas barragens, inclusive as que não estavam em operação, fossem "descaracterizadas". A lei foi aprovada depois do segundo grande desastre por colapso desse tipo de barragem, ocorrido em Brumadinho em 25 de janeiro de 2020. Cada empresa teve que encontrar soluções para suas

QUADRO 4.2 **Exemplos de resumo da justificativa de inclusão e exclusão de componentes na avaliação de impactos cumulativos de projetos eólicos na Jordânia**

Componente	Selecionado?	Principais motivos
Aves	Sim	Impactos por colisão e perda de hábitats de alimentação e reprodução
Morcegos	Sim	Impactos por colisão e barotrauma
Hábitats e outras espécies	Sim	Perda e fragmentação
Paisagem	Não	Consideração recomendada nos EIAs
Cintilação luminosa	Não	Não há residentes permanentes
Pastores seminômades	Não	Impactos considerados não cumulativos
Sítios arqueológicos	Não	Não se espera encontrar sítios de grande extensão, impactos locais considerados não significativos
Ambiente sonoro	Não	Distância de receptores sensíveis, impactos não significativos
Mudanças socioeconômicas e turismo	Não	Poucos dados disponíveis sobre turismo de natureza, consideração recomendada nos EIAs
Vias públicas	Não	Apesar de obras simultâneas, o volume de tráfego é pequeno

Fonte: adaptado de IFC (2017).

barragens. Em alguns casos, os rejeitos foram reminerados e reprocessados, propiciando o desmonte da barragem. No entanto, para a maioria das barragens não havia viabilidade econômica em reminerar, e os projetos de descaracterização previram obras de reforço, desvio de águas de chuva, cobertura com argila para reduzir a infiltração de água e outras medidas. Em barragens instáveis, temia-se que as obras pudessem causar acidentes e até mesmo novas rupturas catastróficas, motivo pelo qual foram construídas outras barragens águas abaixo, que receberam o nome de estruturas de contenção a jusante. Estas são barragens dotadas de comportas que permitem a passagem de água, mas que poderiam ser fechadas se houvesse o colapso de uma barragem em vias de descaracterização, barrando, assim, o fluxo de rejeitos rio abaixo.

Entre os problemas vislumbrados, um destaque foi o prazo curto estabelecido pela lei para conclusão das obras, visando reduzir o risco para a população. Como a maior parte das barragens está localizada em uma região próxima a Belo Horizonte conhecida como Quadrilátero Ferrífero e como as obras deveriam ser realizadas simultaneamente, havia preocupação com seus impactos ambientais e sociais cumulativos.

Por iniciativa do Ministério Público do Estado de Minas Gerais, foi realizada uma AIC com finalidade de propiciar que órgãos competentes do governo do Estado "tracem estratégias, tomem decisões e implementem ações adequadas ao planejamento de ações pertinentes ao acompanhamento das obras de descaracterização" (Neri et al., 2021, p. 13), uma vez que tais obras, por seu caráter emergencial, não estavam sujeitas a licenciamento ambiental.

Depois de descritas 38 atividades que compõem as obras de descaracterização (como supressão de vegetação nativa, perfuração de poços e bombeamento de água subterrânea e transporte de materiais, equipamentos e insumos para obras), foram identificados 28 impactos sobre oito componentes selecionados, cujas justificativas são mostradas no Quadro 4.3.

A lista inicial de componentes foi preparada pela equipe técnica depois de compreendidas as atividades a serem executadas. Em uma oficina de trabalho com nove representantes do Ministério Público e de órgãos da administração estadual, perguntou-se quais componentes poderiam ser afetados cumulativamente pelas obras de descaracterização, e se haveria outros componentes além daqueles listados no Quadro 4.3. Houve unanimidade quanto ao componente "comunidades", ao passo que oito dos nove participantes também apontaram "vias públicas" e seis apontaram "vegetação nativa" e "fornecedores de bens e serviços". Nenhum componente adicional foi sugerido.

Posteriormente, em reunião pública virtual, repetiu-se a pergunta para resposta voluntária e anônima dos participantes. Novamente obtiveram-se 100%

Quadro 4.3 Componentes ambientais e sociais selecionados para avaliar impactos de obras de descaracterização de barragens de mineração

Componente	Abrangência	Principais motivos para inclusão no estudo
Comunidades	Comunidades situadas nas imediações dos locais das obras e nas zonas de autossalvamento	Comunidades vêm sendo afetadas pela operação de barragens de rejeitos, qualquer que seja o método construtivo, em particular aquelas situadas nas zonas de autossalvamento e de salvamento secundário, sujeitas a exercícios simulados de evacuação e situações de estresse. Há alteração nos seus modos de vida e meios de subsistência. Parte da população foi removida. A descaracterização das barragens poderá reduzir a percepção do risco. Algumas obras demandam quantidade importante de mão de obra, recrutada localmente ou na região
Patrimônio cultural	Bens do patrimônio cultural material e imaterial, tombados, registrados, acautelados ou não	Há ampla distribuição de bens culturais nos setores de estudo, em especial no Quadrilátero Ferrífero. Os bens materiais e as áreas de entorno são vulneráveis às atividades executadas na descaracterização de barragem e ao incremento do tráfego nas vias internas às minas e nas vias públicas
Vias públicas	Rodovias, pavimentadas ou não, e vias urbanas	Vias sujeitas a incremento de tráfego devido às obras de descaracterização, para transporte de materiais naturais de construção, materiais, insumos, equipamentos, pessoal. Vias sujeitas à deterioração, usuários sujeitos a aumento dos tempos de viagem e maior risco de acidentes, população lindeira sujeita a maior nível de ruído, de poluição atmosférica e maior risco de acidentes

QUADRO 4.3 (continuação)

Componente	Abrangência	Principais motivos para inclusão no estudo
Fornecedores de bens e serviços	Empresas fornecedoras de materiais naturais de construção, concreto, materiais, insumos, equipamentos, mão de obra e serviços	Possibilidade de aumento significativo da demanda em curto espaço de tempo, caso as barragens sejam descaracterizadas no prazo legal (fevereiro de 2022), e consequente risco de escassez desses bens e serviços no mercado, aumento de preços ou necessidade de ampliação da produção, com impactos ambientais indiretos, a exemplo da ampliação da capacidade de produção de pedreiras
Vegetação nativa	Fragmentos de vegetação florestal ou outra	Algumas obras podem demandar supressão de vegetação. Em obras emergenciais, a autorização de supressão pode ser solicitada *a posteriori*
Águas superficiais	Cursos d'água a jusante dos locais de obras	As obras implicam possibilidade de aporte de sedimentos e outras formas de poluição, intervenção em áreas de preservação permanente, desvio de cursos d'água, e construção de barragens de contenção a jusante de barragens em nível de alerta 3
Qualidade do ar	Emissões de material particulado e gases nas áreas de obras e nas vias de acesso	A emissão de poluentes do ar é um aspecto ambiental relevante das obras de descaracterização, inclusive das intervenções preliminares; as regiões onde se encontram as barragens já contêm diversas fontes de emissão, em particular as próprias minas
Clima	Emissões de gases de efeito estufa	Aspecto ambiental relevante geralmente desconsiderado em decisões de licenciamento. As emissões combinadas das obras de descaracterização provavelmente excedem 25.000 t/ano de CO_2 equivalente, que é o limite adotado pelos Padrões de Desempenho de Sustentabilidade Ambiental e Social da Corporação Financeira Internacional (IFC, 2012b, Padrão de Desempenho 1, §8)

Fonte: adaptado de Neri et al. (2021).

de respostas para "comunidade". Dos 28 respondentes, 27 apontaram "vegetação nativa", enquanto 22 pessoas indicaram "patrimônio cultural" e 21 "vias públicas". Houve a sugestão de dois outros componentes, "cavernas" e "fauna silvestre", com apenas uma menção cada.

Nesse caso, portanto, diferente dos dois estudos da IFC citados anteriormente, não houve uma lista longa de componentes seguida de uma lista curta de componentes selecionados. A lista inicial, construída mediante análise dos principais impactos dos projetos avaliados, foi mantida e validada pela oficina de trabalho e na reunião pública.

Para avaliar impactos cumulativos das atividades de exploração e produção de petróleo *offshore* nas camadas pré-sal da bacia de Santos, juntamente com outros empreendimentos em operação na área de estudo (litoral norte do Estado de São Paulo), foram selecionados sete componentes: comunidades tradicionais litorâneas, emprego, habitação, serviços públicos, qualidade das águas superficiais interiores, qualidade das águas costeiras, e vegetação costeira (Petrobrás, 2021).

Já para um conjunto de projetos de mineração e siderurgia concentrados no município de Congonhas e seu entorno, também em Minas Gerais, foram selecionados seis componentes na avaliação de impactos cumulativos: formações vegetais nativas, recursos hídricos, qualidade do ar, uso do solo, patrimônio natural e cultural, e vias públicas (Sánchez et al., 2014). Nesse estudo, foram avaliados os impactos de onze projetos, compreendendo a ampliação de três minas de ferro e a abertura de duas novas, um projeto que envolveu uma mina de ferro e usina de pelotização, a implantação de dois distritos industriais, uma usina siderúrgica em operação e a construção de duas novas usinas.

Na impossibilidade de realizar uma consulta pública ou consulta a partes interessadas, foram empregadas três fontes para embasar a escolha dos componentes: (i) experiência prévia dos membros da equipe, em especial em avaliação de impactos de projetos de mineração; (ii) legislação, que estabelece tutela sobre certos recursos ambientais ou culturais; (iii) imprensa, geral e especializada, que vinha relatando a percepção de setores da população de Congonhas, captada em vários fóruns locais de debate, como a Câmara de Vereadores, acerca dos empreendimentos anunciados para a região. Adicionalmente, preocupações de caráter prático também balizaram a escolha, procurando-se selecionar componentes que pudessem ser descritos por meio de indicadores preferencialmente obtidos nos EIAs e demais fontes utilizadas.

Como forma de controlar a validade da escolha, foram comparados os componentes ambientais definidos pela equipe de trabalho com os principais impactos causados pelos empreendimentos, com base em levantamento dos impactos significativos apontados em 22 estudos ambientais, incluindo EIAs e relatórios de desempenho ambiental. Cada estudo foi analisado buscando-se termos descritores correspondentes aos componentes previamente selecionados (Tab. 4.1).

Tab. 4.1 Correlação entre componentes sujeitos a impactos significativos abordados em estudos ambientais e componentes selecionados para avaliação de impactos cumulativos de empreendimentos e projetos minerossiderúrgicos na região de Congonhas (MG)

Termos descritores de componentes ambientais ou sociais	Estudos ambientais que consideram a categoria		Componente correspondente
	Quantidade	Percentual	
Água	14	73%	Recursos hídricos
Paisagem	11	57%	Patrimônio natural e cultural
Renda	11	57%	Nenhum
Ar	9	47%	Qualidade do ar
Solo	9	47%	Uso do solo
Fauna	9	47%	Associado a formações vegetais nativas
Ruído	9	47%	Nenhum
Vegetação	8	42%	Formações vegetais nativas
Uso do solo	7	36%	Uso do solo
Patrimônio natural	7	36%	Patrimônio natural e cultural
Serviços públicos	5	26%	Nenhum
Patrimônio cultural	3	15%	Patrimônio natural e cultural
Vibração	2	10%	Nenhum
Tráfego	1	5%	Tráfego

Fonte: adaptado de Sánchez et al. (2014).

Observou-se certa desconexão entre os temas tratados nesses estudos e os assuntos que mais preocupavam as partes interessadas. O termo mais utilizado nos documentos é água, seguido de *paisagem* e de *renda*, ao passo que *ar* é mencionado em menos da metade dos estudos, embora os onze empreendimentos e projetos sejam fonte de poluição do ar. Os componentes selecionados e os principais motivos de seleção são mostrados no Quadro 4.4.

Para orientar a coleta de dados e a preparação do diagnóstico e facilitar a compreensão dos leitores, usuários e tomadores de decisão, é importan-

QUADRO 4.4 **Componentes ambientais e sociais selecionados para avaliação de impactos cumulativos de empreendimentos e projetos minerossiderúrgicos na região de Congonhas (MG)**

Componente ambiental relevante	Principais razões para a inclusão
Qualidade do ar	Todos os projetos são potencialmente geradores de grande quantidade de material particulado. Outros poluentes atmosféricos podem ser emitidos em quantidades significativas por alguns empreendimentos. O tema da poluição do ar vem sendo amplamente debatido pela sociedade local e Poder Público.
Recursos hídricos	Implantação de barragens de rejeitos. Uso de recursos hídricos nos processos industriais.
Formações vegetais nativas	Todos os projetos requerem supressão de vegetação. Há acúmulo histórico de alterações da cobertura vegetal nativa.
Uso do solo	Empreendimentos ocupam proporções importantes da área de estudo e acarretam mudanças em relação aos usos anteriores.
Vias públicas	A etapa de implantação dos novos empreendimentos ocasiona grande aumento de tráfego em rodovias e vias locais. Parte do minério é transportada por vias públicas. A etapa de operação dos empreendimentos implica transporte rodoviário de insumos, materiais, equipamentos, produtos e funcionários. O transporte rodoviário emite poluentes atmosféricos.
Patrimônio natural e cultural	O centro de Congonhas é Patrimônio Mundial. A paisagem do entorno é elemento importante de contextualização do patrimônio. Há discussão pública em torno do assunto.

Fonte: *Sánchez* et al. *(2014)*.

te estabelecer com clareza a abrangência do componente. Pode-se utilizar subcomponentes. Por exemplo, no caso de formações vegetais nativas, os subcomponentes podem ser as principais fitofisionomias presentes na área de estudo, como "florestas" e "campos", adotando-se a denominação mais conveniente recomendada por especialistas no tema.

Em todos os casos, é preciso deixar claro o que cada componente compreende. No Quadro 4.3 exemplifica-se a abrangência dos componentes selecionados no estudo sobre descaracterização de barragens. No Quadro 4.5 ilustra-se a abrangência dos componentes da categoria biodiversidade no estudo sobre o Chaco paraguaio.

QUADRO 4.5 Abrangência dos componentes de biodiversidade na avaliação de impactos cumulativos de projetos de infraestrutura no Chaco paraguaio

Componente	Abrangência
Espaços	Espaços e hábitats prioritários para conservação, tanto os protegidos formalmente como os que gozam de reconhecimento internacional, mesmo que não protegidos formalmente: • áreas silvestres protegidas em nível nacional; • Reserva da Biosfera do Chaco; • *Important Bird Areas* e *Key Biodiversity Areas*
Espécies	Espécies prioritárias para conservação, espécies indicadoras de hábitats naturais críticos (ameaçadas, quase ameaçadas e endêmicas de distribuição restrita), analisadas segundo dois enfoques: • riqueza de espécies ameaçadas e endêmicas de distribuição restrita; • área de distribuição dessas espécies
Conectividade	Espaços e hábitats prioritários para conectividade biológica: • corredores ecológicos prioritários; • corredores ecológicos para a região Gran Chaco; • corredor azul (corredor de aves migratórias do sistema Paraguai-Paraná)

Fonte: Hurwitz et al. (2022).

4.3 Seleção de projetos e demais indutores de mudança

Para incluir ações "razoavelmente previsíveis" na avaliação de impactos cumulativos, é preciso usar algum procedimento sistemático para identificar tais ações (projetos, programas governamentais), assim como critérios para escolher aquelas que poderão ter seus impactos cumulativos avaliados em conjunto. Evidentemente, a implantação futura de outros projetos é incerta. Ademais, a obtenção de informações sobre esses projetos pode ser difícil, senão impossível.

Há, portanto, duas questões a serem resolvidas. A primeira é como identificar outros projetos; em seguida, como selecionar aqueles que poderão causar impactos sobre os mesmos componentes que o projeto ou grupo de projetos em avaliação.

As fontes apropriadas para identificar outros projetos variam. A autoridade responsável pela aprovação de projetos sob o ponto de vista ambiental (no Brasil, licenciamento) certamente deverá ser consultada. Entretanto, no País há projetos cujo licenciamento é de competência federal e projetos de competência estadual ou municipal. Então, pode ser necessário consultar os três níveis de governo, ainda que tal informação, embora pública, possa ser de difícil acesso. Outras fontes podem ser relevantes, como planos e programas governamentais, como o Plano Decenal de Expansão de Energia, atualizado anualmente pela Empresa de Pesquisa Energética (EPE), ou o Plano Nacional de Logística e Transportes. Planos estaduais e municipais, como planos diretores, também são fontes potencialmente úteis.

Uma vez identificados possíveis projetos, é útil classificá-los segundo alguma escala de probabilidade. Um exemplo é mostrado na Fig. 4.5, que apresenta três grupos: os projetos sobre os quais se tem "certeza", os razoavelmente previsíveis e os hipotéticos, que poderão se materializar em algum momento no futuro. Essa escala também indica o horizonte temporal dos projetos – aqueles que já estão aprovados ou em fase de análise provavelmente serão implantados mais cedo do que os projetos que apenas constam em um plano.

Notoriamente, nem sempre os planos oficiais contêm todos os projetos que podem ser relevantes. Por exemplo, Athayde et al. (2019), ao discutirem impactos cumulativos de um conjunto de projetos hidrelétricos na bacia do rio Cupari, um afluente da margem direita do rio Tapajós próximo à sua foz, observaram que as pequenas centrais hidrelétricas não constavam do estudo de Avaliação Ambiental Integrada da bacia do Tapajós.

A identificação de projetos precisa estar associada a informações que os caracterizem minimamente, tais como localização, porte, cronograma de im-

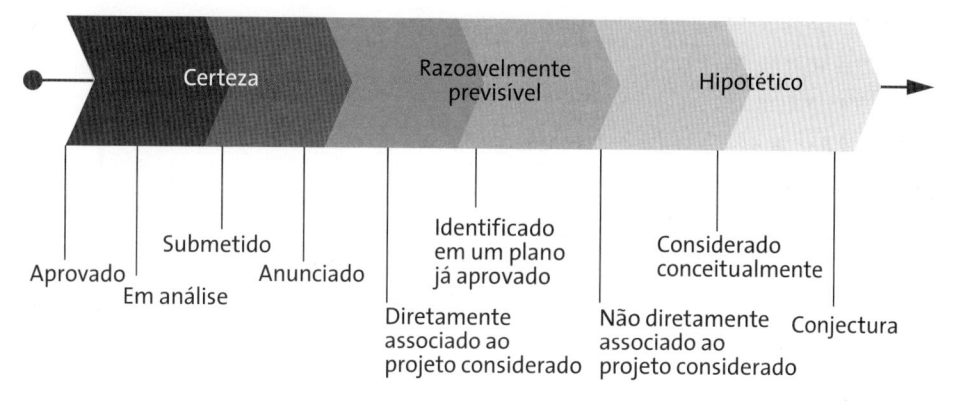

Fig. 4.5 *Classificação de projetos para fins de inclusão em uma avaliação de impactos cumulativos*
Fonte: World Bank (2012).

plantação e de operação e componentes ambientais potencialmente afetados por cada projeto.

No Reino Unido, há um procedimento recomendado para selecionar outros projetos quando se avaliam os impactos cumulativos de projetos de infraestrutura ditos de importância nacional, no geral complexos e de grande porte. É sugerida uma abordagem em quatro estágios, começando por uma lista longa de possíveis projetos ("candidatos"), que vai sendo reduzida até se chegar a uma lista curta. Em seguida, coletam-se informações sobre tais projetos e procede-se à avaliação. Há orientações para cada um desses estágios (UK Planning Inspectorate, 2019).

Os projetos são classificados segundo níveis de informação disponível, que também correspondem a diferentes probabilidades de implantação e horizontes temporais, uma vez que projetos ainda em planejamento somente se concretizariam no futuro (Fig. 4.6). A lista longa é uma lista inicial, compilada a partir de fontes de informação governamentais e contendo algumas características básicas como tipo e porte, localização, cronograma de implantação e operação. Essas características são organizadas em uma planilha, como exemplificado no Quadro 4.6, para demonstrar o uso de uma abordagem sistemática de identificação e escolha de outros projetos. Também é verificado se os projetos considerados para possível inclusão estão na área de influência do projeto cujos impactos cumulativos estão sendo analisados – no Reino Unido, a recomendação é que a área de influência de cada impacto seja mapeada: uma vez

Lista longa de outros projetos

Identificação de projetos dentro da "zona de influência" com "potencial de causar impactos cumulativos"

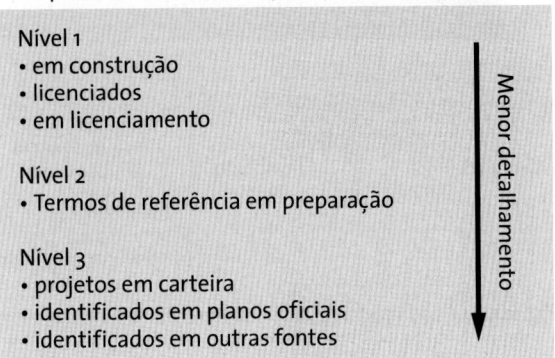

> **Nível 1**
> - em construção
> - licenciados
> - em licenciamento
>
> **Nível 2**
> - Termos de referência em preparação
>
> **Nível 3**
> - projetos em carteira
> - identificados em planos oficiais
> - identificados em outras fontes
>
> ↓ Menor detalhamento

Fig. 4.6 *Classificação de projetos para fins de inclusão em uma avaliação de impactos cumulativos*
Fonte: UK Planning Inspectorate (2019).

Lista curta de outros projetos

Aplicação de critérios de inclusão/exclusão à lista longa, como *cronograma* (potencial sobreposição), *tipo* e *porte* dos projetos e *outros fatores* (como capacidade de carga)

determinada, dispõe-se de "uma área de busca transparente e justificável" para identificar outros projetos.

Um exemplo de sobreposição de áreas de influência é mostrado na Fig. 4.7. Na região da baía de Paranaguá (Fig. 4.8), diversos projetos foram anunciados e licenciados separadamente, alguns pelo órgão ambiental estadual e outros pelo Ibama.

O número de projetos que pode ser razoavelmente selecionado varia muito e sempre depende do contexto de realização da AIC. Em um EIA de um grande projeto de mina de ferro, porto e ferrovia na Guiné – que se enquadra como projeto pioneiro – foram considerados onze projetos de mineração de ferro de outros proponentes, cinco projetos de mineração de diamante, três projetos de infraestrutura de transporte, e um projeto de eletrificação e mineração artesanal (Rio Tinto, 2012). Foi preparada uma lista inicial de projetos e foram coletadas informações para sua caracterização, usadas para decidir se eles seriam retidos ou descartados da avaliação, como exemplificado no Quadro 4.7.

Além de outros projetos, pode ser necessário considerar outras ações ou indutores de mudança que afetem ou possam afetar os componentes selecionados. Por exemplo, no caso do plano de gestão de atividades recreativas com

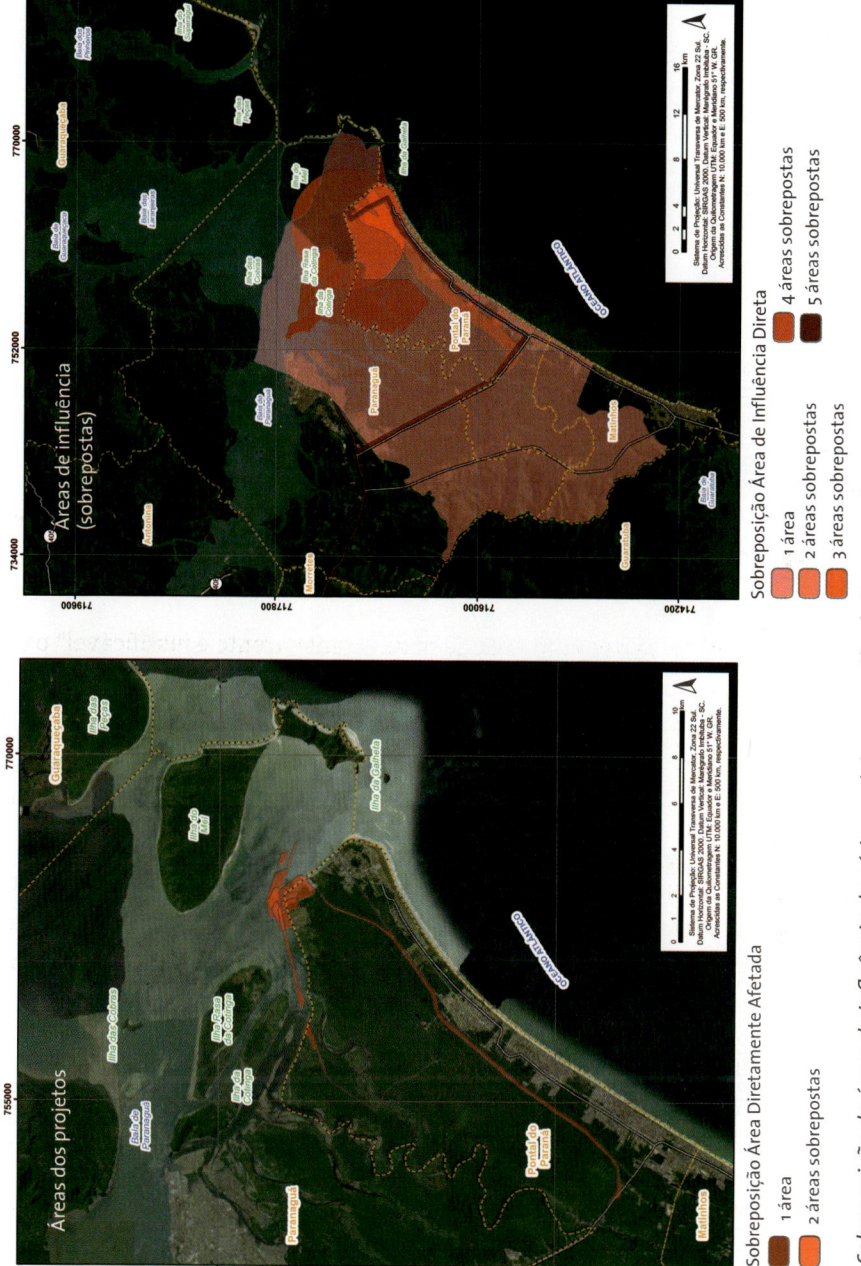

Planejamento da avaliação de impactos cumulativos | 99

Fig. 4-7 *Sobreposição de áreas de influência de vários projetos na região de Paranaguá*
Fonte: Setor de Geoprocessamento do Ministério Público do Estado do Paraná. Reproduzido com autorização.

QUADRO 4.6 Organização de informação para busca e seleção de projetos para inclusão em uma avaliação de impactos cumulativos

#	Características do projeto considerado				Estágio 1			Estágio 2		
	Nome e características do outro projeto	Distância do projeto em análise	Situação	Nível[1]	Dentro da área de influência (AI) do projeto em análise?	Incluir na lista longa?	Será desenvolvido no mesmo horizonte temporal?	É provável que cause impacto significativo?[2]	Outros fatores	Incluir na lista curta?
1	Loteamento Tranquilidade 645 lotes, 38,4 ha	4 km	Solicitação de licença prévia	1	Dentro da AI para impacto visual, qualidade do ar e aumento de tráfego	Sim	Sim. Início previsto para AAAA	Sim	Não se aplica	Sim
2	Parque Eólico Ventania 45 aerogeradores, potência total de 135 MW	10 km	Termos de referência para EIA emitidos	2	Dentro da AI para impacto visual e aumento de tráfego	Sim	Provavelmente	Não. Projeto de pequeno porte (~3,5 ha)		Sim
3	Melhorias na rodovia do Sol – ampliação de faixas e construção de dispositivos de mudança de direção	2 km	Anunciado pelo Departamento de Estradas de Rodagem (DER)	3	Dentro da AI para impacto visual, qualidade do ar e aumento de tráfego	Sim	Sim. Período de obras previsto entre MM/AA e MM/AA	Não. Obras de construção de terceira faixa, recapeamento asfáltico, sinalização		Não

[1] Os níveis referem-se à Fig. 4.6; [2] Considerando tipo e porte do projeto
Fonte: adaptado de UK Planning Inspectorate (2019).

Fig. 4.8 *Vista do porto de Paranaguá, em cuja área de influência diversos novos projetos foram propostos, mas avaliados separadamente*

veículos motorizados fora de estrada mencionado na seção 4.2, foram listadas 18 outras ações que poderiam afetar a vegetação, um dos componentes selecionados (USNPS, 2017, p. 219). Tais ações incluíam iniciativas planejadas, como manutenção de rodovias e construção de alojamentos, e também ações ilegais, a exemplo de circulação de veículos fora de estrada em áreas não autorizadas.

É muito importante registar todos os projetos e indutores de mudança considerados, descrever os critérios de escolha e justificar a inclusão ou exclusão de cada um. A apresentação dos resultados na forma de um quadro sintético, como nos exemplos anteriores, costuma ser útil para facilitar a comunicação com os leitores do estudo.

Estes dois últimos exemplos ilustram aplicações muito diferentes da avaliação de impactos cumulativos. O projeto na Guiné era de grande porte, afetaria uma vasta região, ambientes florestais, costeiros e marinhos, populações tradicionais, e facilitaria a implantação de diversos outros projetos, o que modificaria sua área de influência por um longo período, caracterizando-o como um projeto pioneiro (seção 2.5). Já o estudo sobre atividades recreativas nos Estados Unidos aborda uma área muito menor (2.380 km^2), tem horizonte temporal de 10 a 15 anos e, principalmente, trata de impactos de magnitude muito menor que o megaprojeto de mineração na Guiné. Portanto, é preciso relembrar a importância de planejar a avaliação de impactos cumulativos de acordo com seu contexto.

QUADRO 4.7 Registro de projetos retidos para avaliação de impactos cumulativos na Guiné

#	Nome do outro projeto	Menor distância ao projeto em análise	Período de construção	Período de operação	Componentes ou recursos afetados por ambos os projetos?	Projeto retido?
1	Rodovia R	10 km ao sul do porto	MM/AA a MM/AA	A partir de MM/AA	Melhoria de acessibilidade à ilha. Poderá afetar a mesma comunidade afetada pela construção do porto	Sim
2	Mina M	120 km ao norte do porto	Início de operação em 1991	Vida útil estimada até 2040	O projeto em análise está fora da área de influência da mina. Não foram identificados recursos ambientais ou comunidades afetadas por ambos os projetos	Não
3	Mina P	25 km ao sul da mina	Desconhecido, projeto paralisado e pode ser retomado se o projeto em análise for adiante	Desconhecido	Devido à proximidade, ambos os projetos podem afetar os mesmos recursos e comunidades, com destaque para hábitats e espécies, paisagem, recursos hídricos; conjuntamente irão impulsionar imigração	Sim

Fonte: adaptado de ERM (2012).

4.4 Definição do horizonte temporal e da área de estudo

Tanto a área de estudo quanto o horizonte temporal futuro da avaliação estão relacionados aos projetos ou cenários considerados. Como em todo planejamento, quanto maior o horizonte temporal futuro, maiores as incertezas. Por outro lado, quanto maior o horizonte temporal passado, maior a possibilidade de captar as tendências de mudança do componente selecionado.

São fatores a considerar para definir o horizonte temporal:
- cenários a serem avaliados;
- dinâmica de mudanças na área de estudo;
- disponibilidade e qualidade de dados para estudo retrospectivo.

Bérubé (2007), que passou em revista estudos relativos a projetos hidrelétricos no Canadá, recomenda dez anos como uma escala temporal futura satisfatória, enquanto Páez-Zamora, Quintero e Scott-Brown (2023) defendem que um horizonte temporal superior a dez anos é dificilmente justificável na América Latina. No entanto, quando se trata de projetos pioneiros, pode ser necessário trabalhar com horizonte temporal futuro maior, podendo chegar a vinte anos ou mais, uma vez que esse tipo de projeto estimula a progressiva transformação de sua área de influência (Fig. 2.5). IFC (2020) considerou os projetos previstos para o horizonte de dez anos, mas um "escopo temporal" (p. 55) de 50 anos, tomado como a vida útil de projetos hidrelétricos.

Já para a determinação do horizonte temporal passado, a disponibilidade de informação sobre a condição passada dos componentes selecionados pode ser resolutiva. Havendo informações, ainda que incompletas, a determinação de quão longe se deve voltar no passado dependerá das condições contextuais do estudo (seção 4.1), como mostram os dois exemplos a seguir.

A existência de um ou mais marcos temporais, como implantação de um grande projeto ou de uma política pública, pode indicar o limite pretérito de estudo. Por exemplo, a implementação do Projeto Ferro Carajás e do Programa Grande Carajás, nos anos 1980, foi um marco na região do sudeste do Pará, induzindo a ocupação da região e o desmatamento. Souza Filho et al. (2016) estudaram as mudanças de cobertura da terra na bacia do rio Itacaiúnas, uma área de 41.300 km² na margem esquerda do rio Tocantins, entre 1973 e 2013, encontrando que a cobertura florestal caiu de 99% para 48%. Esse horizonte temporal de 40 anos foi propiciado pela disponibilidade de uma série temporal de imagens de satélite. O estudo também permitiu detectar que a conversão de florestas em pasto resultou no aumento de 1,7 °C na temperatura média do ar, na redução de cerca de 10% da umidade relativa média do ar e no aumento de 85% da vazão média dos rios. Embora esse estudo tenha sido uma pesquisa acadêmica, ele mostra como é possível reconstituir a trajetória de mudança de determinados componentes ambientais ao longo do tempo. Os procedimentos empregados podem ser replicados em outras regiões com histórico de desmatamento recente.

Estudos retrospectivos mais longos podem ser feitos com outros métodos. Usando bases de dados espaciais governamentais, Ward et al. (2023) mapearam a perda e degradação de florestas em Nova Gales do Sul, Austrália, nos últimos 250 anos. Esses autores notaram que, embora taxas de perda e degradação de florestas venham sendo estudadas em todo o mundo, o debate sobre "seus impactos cumulativos sobre tipos de vegetação e hábitats de espécies dependentes de florestas [...] é frequentemente ignorado nos estudos de impacto ambiental" (p. 4). Eles encontraram que 54% da área de florestas existente em 1750 (55 milhões de hectares) foram perdidos, enquanto 16% foram degradados, restando 30% em boas condições de conservação. Uma das consequências desse cenário é a ameaça sobre a fauna, em face da diminuição da área de distribuição de muitas espécies. Quando hábitats são destruídos ou degradados, aumenta-se o risco de extinção, com registros de várias espécies ameaçadas ou criticamente ameaçadas, como consequência da degradação florestal e do desmatamento acumulados.

Esse estudo retrospectivo foi utilizado para analisar decisões dos últimos 20 anos sobre o manejo das florestas remanescentes para produção de madeira. Ward et al. (2023, p. 19) concluíram que, "apesar dos grandes impactos históricos, o hábitat de 244 táxons atualmente ameaçados continua a ser usado para produção madeireira", sem que seus impactos sejam devidamente avaliados. Esse estudo também apontou a importante questão metodológica de abordar bases móveis de referência (*shifting baselines*), nas quais a referência do passado para estimar a magnitude de impactos não é fixa, e sim alterada ao longo do tempo.

O importante é sempre ter clareza sobre o uso que terá a reconstituição da trajetória de um componente na AIC. Narrativas sobre história geológica de uma região ou história humana factual, com datas de eventos históricos, como fundação de cidades, raramente são úteis. Mas, se houver um objetivo claro e aplicação na análise de impactos, não há problema em adotar um horizonte temporal passado longevo. Em um estudo de impactos cumulativos de dois projetos hidrelétricos no rio Maipo, no Chile, a data de implantação de um projeto pioneiro foi utilizada como horizonte temporal, o ano de 1917, quando foi implementada a captação em um lago de altitude que recebe água de degelo dos Andes para abastecimento da capital Santiago. Posteriormente foram construídas barragens e usinas hidrelétricas na bacia do rio Maipo (Daes Consultores, 2013). O propósito foi organizar informações sobre a vazão dos rios da área de estudo, documentando o quanto foi afetado historicamente e estabelecendo uma referência para avaliar a futura redução de vazão no caso de implantação de dois novos projetos.

A definição dos limites espaciais varia em função do tipo de AIC. Tanto na avaliação de impactos cumulativos como parte de um EIA quanto em avaliações regionais, a área de estudo deve ser definida mediante emprego de critérios explícitos e justificados. Em um EIA, uma área de estudo muito ampla pode minimizar os efeitos dos impactos incrementais do projeto e uma área muito pequena tende a maximizar suas consequências (MacDonald, 2000, p. 303). Já em uma AIC de base regional, a delimitação da área de estudo depende fundamentalmente dos objetivos e do propósito da avaliação.

São fatores a considerar para delimitar a área de estudo:
- possível área de influência do(s) projeto(s);
- limites naturais relevantes (bacias hidrográficas, compartimentos de relevo, extensão de ocorrência de espécies endêmicas etc.);
- limites administrativos.

É possível estabelecer áreas diferentes para cada componente selecionado. A área de influência sobre cada componente e a distribuição espacial dele no entorno do projeto podem servir de guia para uma primeira delimitação. Na província canadense de Saskatchewan, um estudo ambiental regional foi realizado em uma área de pradarias utilizada predominantemente para pastagem e sujeita à expansão de atividades de exploração e produção de gás convencional, incluindo a construção de vias de acesso e dutos de escoamento. A área de estudo tem dois recortes, uma área ampla de cerca de 10.000 km^2, com presença de comunidades indígenas, e uma área menor de 1.942 km^2, delimitada por critérios biofísicos e composta por áreas de dunas de areia e pradarias em bom estado de conservação e de importância para a biodiversidade. Na área maior, demarcada por limites municipais, foram realizados estudos sociais e econômicos (Government of Saskatchewan, 2007).

A definição de limites espaciais pode ser um processo iterativo, sendo ajustada conforme se consolidam mais informações sobre outros projetos a serem considerados e se aumenta a compreensão sobre a dinâmica dos indutores de mudança.

Há imensa variação na área de estudo para AIC, e as de caráter regional naturalmente tendem a abranger áreas maiores, ou muito maiores, do que a avaliação de impactos cumulativos no âmbito de um EIA. No projeto de parques eólicos Tafila, na Jordânia, a área de estudo consistiu na justaposição da área protegida com uma faixa de 2 km em torno dos parques, perfazendo cerca de 70 mil hectares (IFC, 2017). No estudo realizado para projetos minerossiderúrgicos na região de Congonhas (MG), a área de estudo abarcou cerca de 49 mil hectares, englobando todos os projetos considerados e uma área de entorno (Sánchez et al., 2014). Já no estudo do Chaco paraguaio, de caráter regional, uma área muito maior foi abrangida, cerca de 250 mil km^2 (Hurwitz et al., 2022). No estudo realizado na Mongólia (Walton, 2010), também de abrangência regional, a área de estudo englobou aproximadamente 250 mil km^2, e no estudo exploratório sobre expansão de parques eólicos e produção de gás de xisto na região dos Apalaches, nos Estados Unidos, a área compreendida foi de 171 mil km^2 (Evans; Kiesecker, 2014).

4.5 Definição de cenários

Em um estudo de impacto ambiental convencional, sem consideração de impactos cumulativos, avaliam-se apenas os impactos do projeto em questão. Já em uma AIC, os impactos de um projeto ou grupo de projetos são avaliados conjuntamente aos de outras ações, inclusive aquelas razoavelmente previsíveis no futuro. Portanto, é preciso estabelecer com clareza o que será objeto de avaliação. Para isso, constroem-se cenários.

Na fase de definição do escopo, ainda não é preciso detalhar os cenários. Essa tarefa pode ser realizada mais tarde, durante a execução do estudo. O que é necessário nessa fase é delinear o que será considerado na avaliação, ou seja, projetos, demais ações ou processos de mudança.

Cenários são configurações plausíveis de situações futuras. Eles não são previsões, mas instrumentos de exploração de horizontes possíveis, e contribuem para tomar, no presente, decisões que afetam o futuro. Trata-se de uma ferramenta importante em todo planejamento, muito empregada em empresas (Van der Heijden, 2005) e em planejamento governamental (Amer; Daim; Jetter, 2013). Algumas definições de cenários provenientes de disciplinas de gestão são apresentadas no Boxe 4.1.

> **Boxe 4.1 Conceitos de cenários**
>
> Cenários são *configurações de imagens de futuro* condicionadas e *fundamentadas em conjuntos coerentes de hipóteses* sobre os prováveis comportamentos das variáveis determinantes do objeto de planejamento (Godet, 1984).
>
> Cenário é uma visão internamente consistente da realidade futura, *baseada em um conjunto de suposições plausíveis* sobre as incertezas importantes que podem influenciar o objeto (Porter, 1996).
>
> Cenários constituem um conjunto de futuros razoavelmente plausíveis, mas *estruturalmente diferentes*, concebidos por meio de um processo de reflexão mais causal que probabilístico, usado como meio para reflexão e formulação de estratégias para atuar nos modelos de futuro (Van der Heijden, 2005, p. 114).
>
> Cenários são imagens *plausíveis e consistentes* de futuros alternativos que mostram diferentes possibilidades (Döll; Hauschild, 2002, p. 153).

Nota: os trechos em itálico são destaques que não constam dos originais.

A montagem dos cenários de avaliação deve ser feita com cuidado e de forma justificada, visto que seu propósito não é elaborar previsões precisas, e sim considerar a variedade de futuros possíveis.

Alcamo (2001), tratando especificamente de cenários para avaliações ambientais, aponta algumas aplicações, entre elas:

- fornecer uma visão de estados futuros alternativos na ausência de políticas ambientais, apontando impactos das ações humanas sobre o ambiente natural e justificando a necessidade de políticas para mitigá-los;

Não há regra de uso geral aplicável em todos os casos de AIC. Um plano de engajamento de partes interessadas deve ser preparado sempre que se planejar uma AIC e, para isso, é necessário ter um mapeamento preliminar das partes interessadas. As modalidades de consulta precisam ser cuidadosamente pensadas.

Em avaliações de âmbito regional, a divulgação da realização da AIC requer uma estratégia para atingir partes interessadas relevantes. O plano de engajamento no caso de avaliações de planos ou programas pode diferir daquele aplicável em um projeto. Parkins (2011), que descreve a AIC como "um processo de análise científica, escolha social e desenvolvimento de políticas públicas" (p. 1), argumenta que, para avaliar impactos cumulativos de iniciativas de ordenamento territorial, como um plano diretor municipal ou o zoneamento, há um modelo "tecnocrático" no qual predomina a racionalidade técnica, ainda que haja espaços para participação pública. Em contraposição, em um modelo "decisionista" predominam os interesses de grupos de maior poder político ou econômico, que se exprimem sobretudo quando "a informação científica é incompleta e incerteza e complexidade limitam as possibilidades de escolhas claras" (p. 2), situação que não é incomum quando se trata de impactos cumulativos. Um caminho chamado pelo autor de modelo "pragmático" é fundamentado na noção de democracia deliberativa que, ao mesmo tempo que legitima informação técnica e científica, não a privilegia em relação a valores e a outras fontes e modos de informação para debate público. Assim, o contexto institucional dentro do qual se realiza uma AIC é determinante.

Considerando que a participação pública significativa requer tempo para compreensão das questões em jogo, para decodificação da informação e para debate, o planejamento de avaliações de impacto cumulativo nas quais a participação possa influenciar decisões precisa prever tempo suficiente para a definição do escopo, a discussão dos resultados da análise de impactos e o desenho de programas de gestão. O engajamento que tem início na definição do escopo deve prosseguir, sendo muito importante na determinação das medidas e programas de gestão e na fase de acompanhamento.

4.7 Pontos de destaque

- Não se devem economizar esforços para definir o escopo de uma avaliação de impactos cumulativos. Quanto mais se investe na definição do escopo, mais confiança se tem na utilidade do produto final.

- Definir o escopo de uma avaliação de impactos cumulativos não deve ser tarefa exclusiva de um único agente, mas resultado de entendimento partilhado entre as principais partes que têm interesse no assunto.
- É preciso fundamentar devidamente e documentar o processo de seleção de componentes ambientais e sociais para avaliação.
- É sempre recomendado envolver as partes interessadas na seleção dos componentes e em outras atividades de definição do escopo.
- É importante registrar todos os projetos e indutores de mudança considerados inicialmente, descrever os critérios de escolha e justificar a inclusão ou exclusão de cada um.
- O diagnóstico para uma AIC é diferente do diagnóstico para um EIA: aquele é focado em componentes selecionados e deve ser retrospectivo.
- Áreas de estudo podem ser diferentes para cada componente selecionado.
- Cenários, definidos como configurações plausíveis de futuros possíveis, são ferramentas úteis para avaliar impactos cumulativos.

ESTABELECIMENTO DA BASE DE REFERÊNCIA PARA AVALIAÇÃO DE IMPACTOS CUMULATIVOS

5

Na prática, a transição entre o planejamento e a execução de um estudo ambiental não costuma ser tão nítida quanto é sugerido nos capítulos anteriores. Ao delimitar o contexto do estudo e as principais questões de interesse, ao investigar os possíveis impactos cumulativos, selecionar os componentes e os demais projetos a serem incluídos, já está em andamento a avaliação de impactos. Para definir o escopo, é preciso coletar e organizar dados e informação que também serão utilizados na execução do estudo.

Conforme visto no Cap. 3, para analisar os impactos cumulativos sobre os componentes selecionados, é preciso dispor de uma base de referência. Assim, uma das primeiras tarefas depois da definição do escopo é a organização e preparação de um diagnóstico, aqui chamado de diagnóstico analítico, e o correspondente estabelecimento de uma base de referência a ser usada no processo da AIC.

5.1 Base de referência para avaliação

Já foi enfatizado que o diagnóstico deve ser focado e fornecer informações necessárias e adequadas para avaliar os impactos cumulativos. Além de ser limitado aos componentes ambientais e sociais selecionados, o diagnóstico em uma AIC não deve ser uma simples descrição da situação atual de cada componente, mas deve explicar sua condição atual, caracterizar os principais indutores de mudança e projetar sua possível condição no futuro, na ausência das intervenções (projetos ou planos) cujos impactos são objeto de análise.

Não se deve iniciar nenhuma coleta de dados dispendiosa sem uma análise cuidadosa das informações já disponíveis (Hegmann et al., 1999; IFC, 2013) e, principalmente, sem uma clara explicitação dos objetivos da coleta de dados (Sánchez, 2020). Assim, é preciso discriminar quais serão as informações necessárias para descrever a situação de cada componente selecionado.

São três as principais atividades na preparação de um diagnóstico (Fig. 5.1), que é conduzido apenas para os componentes selecionados, na área de estudo estabelecida para cada componente e no horizonte temporal definido para a avaliação:

1. identificar as causas e os processos indutores de mudanças no estado de cada componente selecionado;
2. realizar análise retrospectiva do estado de cada componente selecionado e projetar tendências;

3. avaliar a vulnerabilidade de cada componente em face dos processos indutores de mudança.

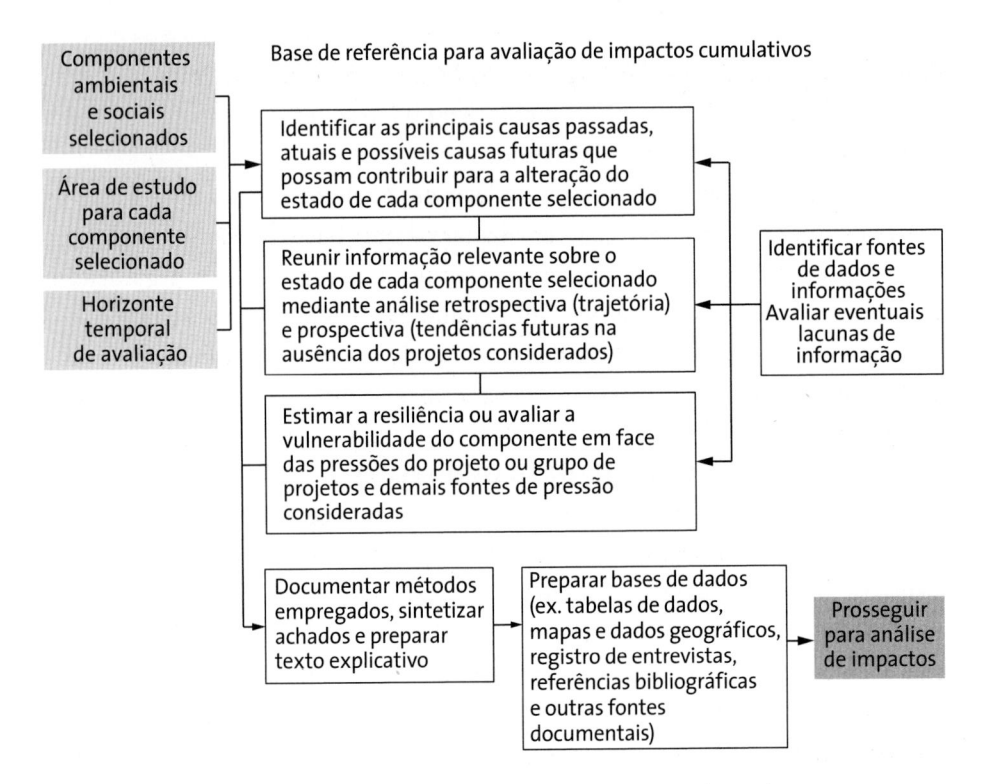

Fig. 5.1 *Principais atividades na preparação do diagnóstico socioambiental em uma avaliação de impactos cumulativos*

[Fluxograma: **Componentes ambientais e sociais selecionados**; **Área de estudo para cada componente selecionado**; **Horizonte temporal de avaliação** → **Base de referência para avaliação de impactos cumulativos**: Identificar as principais causas passadas, atuais e possíveis causas futuras que possam contribuir para a alteração do estado de cada componente selecionado; Reunir informação relevante sobre o estado de cada componente selecionado mediante análise retrospectiva (trajetória) e prospectiva (tendências futuras na ausência dos projetos considerados); Estimar a resiliência ou avaliar a vulnerabilidade do componente em face das pressões do projeto ou grupo de projetos e demais fontes de pressão consideradas; Documentar métodos empregados, sintetizar achados e preparar texto explicativo; Preparar bases de dados (ex. tabelas de dados, mapas e dados geográficos, registro de entrevistas, referências bibliográficas e outras fontes documentais) → **Prosseguir para análise de impactos**. Lateral: **Identificar fontes de dados e informações / Avaliar eventuais lacunas de informação**]

Como em outros estudos ambientais, deve-se fazer um levantamento de fontes de dados e informações pertinentes, analisar a qualidade desses dados e verificar se há lacunas importantes de informação. Se lacunas forem identificadas, pode ser necessário coletar dados primários ou aprimorar bases de dados existentes. Entretanto, é de se esperar que boa parte das avaliações de impactos cumulativos possa ser feita mediante utilização de dados e informações preexistentes.

Estudos ambientais anteriores, documentos de planejamento territorial e setorial e literatura científica estão entre as primeiras fontes normalmente consultadas. Informação cartográfica é essencial para avaliar impactos cumulativos. Mapas de hidrografia, infraestrutura de transporte e de cobertura da terra costumam ter grande utilidade e estão hoje disponíveis em formato eletrônico em boa parte do planeta.

5.2 Diagnóstico analítico com foco nos componentes selecionados

Para avaliar impactos cumulativos, é preciso estabelecer uma base confiável de referência, calcada em um diagnóstico analítico que explique a trajetória dos componentes selecionados dentro do horizonte temporal passado determinado.

Pode haver diferenças no planejamento e na preparação do diagnóstico segundo o enfoque dado à AIC (Fig. 2.1). Quando a AIC é parte de um EIA, o diagnóstico preparado para esse EIA certamente será de grande utilidade, mas pode não ser suficiente para analisar impactos cumulativos. Em geral, os termos de referência não dão diretrizes apropriadas para essa finalidade, como no caso do Brasil (Borioni; Gallardo; Sánchez, 2017) e de vários outros países.

Os diagnósticos preparados para estudos de impactos ambientais são preponderantemente descritivos, e não analíticos. Um diagnóstico analítico explica a trajetória dos componentes ambientais e sociais selecionados e identifica os principais indutores de mudança, ao longo do tempo, que levaram à condição atual. Em contrapartida, o diagnóstico comumente apresentado em um EIA se limita à descrição do estado presente dos ambientes afetados e em geral "recolhe dados relativos às condições atuais e não explora por que os componentes selecionados se encontram no estado descrito", como observaram Joseph et al. (2017, p. 1) para o Canadá.

É verdade que, ao descrever as condições atuais, o diagnóstico de um EIA "captura" ou "condensa" mudanças históricas. No entanto, sob a perspectiva da avaliação de impactos cumulativos, esse "retrato" da situação atual é insuficiente. É preciso um "filme" que mostre as mudanças ao longo do tempo.

Se a condição do componente é declinante, ou seja, se a sua qualidade diminui com o tempo, tomar a situação atual como base de referência pode mascarar a tendência de deterioração. IFC (2013, p. 40) alerta para a "armadilha das bases móveis de referência", em que se toma a condição atual ou outra condição recente como sendo a condição "natural" daquele componente quando, na verdade, ele pode ter sido muito alterado e se encontrar perto de um ponto de inflexão além do qual não poderá mais ser recuperado.

Em uma AIC, o foco de preocupação é a sustentabilidade do componente (CEAA, 2018; Blakley; Noble, 2021). Por esse motivo, além de descrever a trajetória passada de um componente (Fig. 5.2), o diagnóstico deve conter uma análise de sua condição atual sob a perspectiva de sua sustentabilidade. A condição atual do componente é sustentável? Algum limiar de sustentabilidade foi ultrapassado?

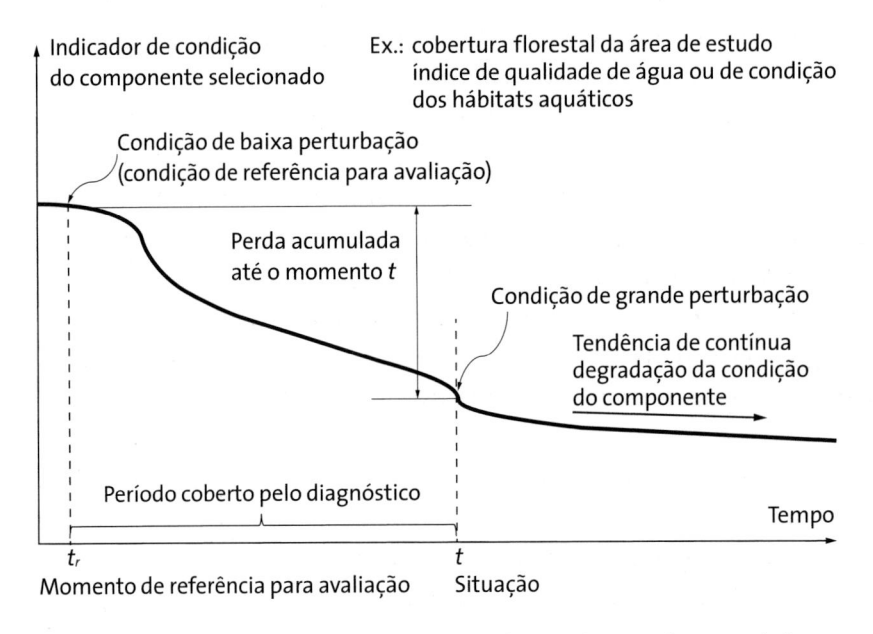

Fig. 5.2 *Trajetória da condição de um componente ambiental em um longo período*

Pauly (1995) foi um dos primeiros a alertar sobre as bases móveis de referência (*shifting baselines*) na avaliação de recursos pesqueiros, chamando a atenção para o fato de que cada geração de cientistas (e pescadores) "aceita como linha de base o estoque e a composição de espécies conhecida no início de suas carreiras" (p. 430) e, quando uma próxima geração começa a trabalhar, os estoques caem ainda mais, mas servem como nova base de referência. Esse problema, que se aplica a qualquer recurso ambiental, foi chamado de *síndrome*.

Soga e Gaston (2018), ao discutir as implicações da síndrome das bases móveis de referência, apontaram que há maior tolerância das pessoas com a degradação progressiva do ambiente natural porque, ao perceberem determinada situação de degradação como "natural", as mudanças posteriores são entendidas como menos importantes. Essa característica tem consequências relevantes para a determinação da significância dos impactos cumulativos, o que será abordado no Cap. 6. Outra implicação é relativa ao estabelecimento de metas de recuperação ambiental, particularmente para restauração de ecossistemas: qual deve ser a referência para nortear as ações de restauração?

Há evidentes dificuldades práticas, além de questões "filosóficas", na escolha de uma base adequada de referência para avaliação de impactos cumulativos. Até quando se deve (ou se pode) retroceder ao passado para reconstruir a trajetória de degradação de um componente selecionado?

Quando aplicável, o diagnóstico analítico também leva em conta a variabilidade natural dos processos. Segundo Joseph et al. (2023, p. 164), "diagnósticos que meramente descrevem as condições atuais podem ignorar variações críticas, plurianuais", uma das razões pelas quais o conhecimento local e o conhecimento ecológico tradicional são importantes e necessários em todo tipo de avaliação de impacto, particularmente nos casos em que as áreas afetadas abrigam populações tradicionais. Em que pesem as dificuldades, produzir um diagnóstico analítico e retrospectivo é essencial para avaliar impactos cumulativos.

Nas próximas seções, são examinadas particularidades do diagnóstico em três situações: (i) quando se avaliam impactos cumulativos como parte adicional de um EIA; (ii) quando os impactos cumulativos são integrados ao planejamento e execução de um EIA; e (iii) em uma AIC de âmbito regional.

5.3 Diagnóstico complementar

Quando um EIA não identifica e avalia impactos cumulativos, pode ser necessário complementá-lo com um estudo de impactos cumulativos, o que, por sua vez, pode requerer que o diagnóstico seja complementado. Foi o que aconteceu com o projeto hidrelétrico no Chile denominado Alto Maipo, composto de duas centrais hidrelétricas, cuja potência instalada combinada era de 531 MW, com 67 km de túneis de adução e uma linha de transmissão de 17 km. No Chile, impactos cumulativos não fazem parte do escopo usual de um EIA (Walker; Irrazábal, 2016), mas, ao buscar financiamento internacional, o proponente desse controvertido projeto (Folchi; Godoy, 2016), como ocorre na maioria dos grandes projetos hidrelétricos, precisou complementar o EIA para equipará-lo aos requisitos dos bancos de desenvolvimento.

Nesse projeto, a água é captada em um afluente do rio Maipo, transferida por um túnel até um vale adjacente, de cujo rio também se capta água. As águas captadas nesses dois afluentes são transferidas por outro túnel até a primeira central de geração, denominada Alfalfal II. Depois de turbinadas, as águas são descarregadas em um terceiro túnel, que as conduz para a segunda central, chamada de Las Lajas, que, por sua vez, também é alimentada pela água turbinada em uma usina já existente, a Alfalfal I. Todas as casas de força são subterrâneas. Um diagrama esquemático é mostrado na Fig. 5.3.

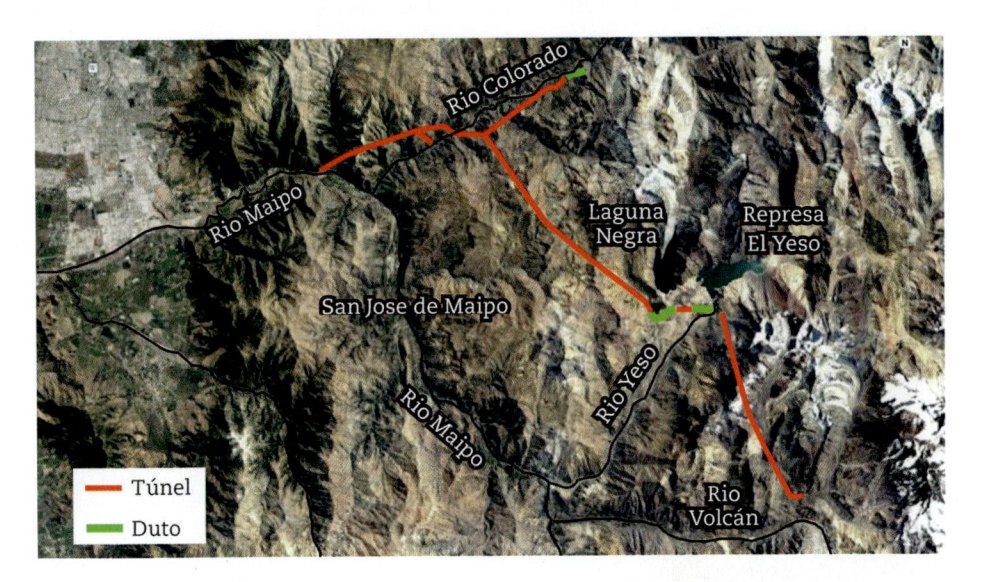

Fig. 5.3 *Diagrama esquemático do Projeto Hidrelétrico Alto Maipo*
Fonte: imagem retirada de Google Earth e componentes do projeto extraídos de Daes Consultores (2013).

Embora o projeto Alto Maipo não implique a construção de barragens e reservatórios de acumulação, um trecho do rio Maipo teve sua vazão reduzida, em decorrência da captação nos afluentes Volcán e El Yeso. O rio é utilizado para diversos usos, como irrigação, extração de cascalho e areia e recreação (canoagem e *rafting*) (Fig. 5.4). Assim, o diagnóstico complementar teve foco em quatro componentes: recursos hídricos (hidrologia superficial), dinâmica de sedimentos, paisagem e comunidade (Daes Consultores, 2013).

Para caracterizar a hidrologia da bacia do rio Maipo, foram feitos estudos retrospectivos para identificar as primeiras intervenções nos recursos hídricos (ver seção 4.4). Estudos hidrológicos mostraram que a vazão média anual do rio Volcán, um dos afluentes, diminuiu 48% desde as primeiras intervenções em 1917, quando as águas de um lago foram captadas para abastecer Santiago. Em 1967, uma barragem foi construída no rio El Yeso, também para abastecimento. Já a vazão do próprio rio Maipo foi afetada de maneira diferente em trechos distintos, tendo sido reduzida em 2% no trecho mais a jusante e em 40% em um trecho intermediário, ao passo que outro afluente, Colorado, teve sua vazão reduzida em 61%.

Fig. 5.4 *Rio Maipo em época de baixa vazão (maio), ao final da temporada de* rafting

Um exemplo da forma de apresentação dos resultados acerca do componente recursos hídricos é mostrado na Tab. 5.1. Têm destaque os efeitos de quatro centrais hidrelétricas em operação: Maitenes, com 31 MW de potência instalada, que começou a funcionar em 1923; Queltehues, de 49 MW, cuja operação teve início em 1928; Volcán, de 13 MW, com início em 1949; e Alfalfal I, com 178 MW, com início de funcionamento em 1991.

Note-se que o diagnóstico é segmentado no tempo e no espaço, indicando quando e em quais trechos de rio houve mudanças. As datas inicial e inter-

Tab. 5.1 Exemplo de apresentação de diagnóstico retrospectivo sobre o componente ambiental recursos hídricos (vazões) do Projeto Hidrelétrico Alto Maipo (PHAM)

Ponto de controle		Vazão média anual (m³/s)			Variação
Código	Referência	1917	1965	Atual[1]	
I	Rio Maipo a montante do rio Volcán, afetado por outro projeto hidrelétrico do passado (Queltehues), fora da área de influência do PHAM	40,9	24,4	24,4	–40%
II	Rio Maipo a montante da confluência com o rio Volcán, fora da área de influência do PHAM (Fig. 5.5)	43,8	51,8	51,8	+18%
III	Rio Volcán a montante da confluência com o rio Maipo (Fig. 5.5), afetado pela central hidrelétrica Volcán, por captação de água para irrigação; será afetado pelo PHAM	16,5	8,5	8,5	–48%
IV	Rio El Yeso a montante da confluência com o rio Maipo, afetado pela represa de captação de água para abastecimento público e para irrigação; será afetado pelo PHAM	13,0	11,1	10,8	–17%
V	Rio Maipo a jusante da captação da central Guayacán e de vários projetos (Fig. 5.4)	87,2	85,2	63,7	–27%
VI	Rio Colorado a jusante das captações para duas centrais hidrelétricas em operação (Alfalfal I e Maitenes)	27,5	17,3	10,8	–61%
VII	Rio Colorado a montante de sua confluência com o rio Maipo e abaixo dos locais de restituição de água turbinada	32,4	32,1	32,1	–1%
VIII	Rio Maipo a jusante da confluência com o rio Colorado	119,6	117,3	117,5	–2%

[1] Corresponde a 2012, momento de realização do estudo.
Fonte: adaptado de Daes Consultores (2013).

mediária foram escolhidas devido à construção de projetos que provocaram impactos do mesmo tipo. As variações positivas ou negativas refletem captações e lançamentos de água. O diagnóstico foi preparado com dados secundários, inclusive aqueles levantados para o EIA, ainda que a AIC tenha sido realizada depois de concluído o EIA, pois o projeto tinha recebido sua licença ambiental em 2009. Com base nesse diagnóstico, foi feita a previsão dos impactos hidrológicos cumulativos do Projeto Hidrelétrico Alto Maipo, cujos resultados são apresentados de forma resumida na seção 6.3.

Fig. 5.5 *Vista da confluência do rio Volcán (à esquerda) com o rio Maipo (à direita) em época de baixa vazão (maio). Note-se a diferença de coloração entre as águas dos dois rios*

5.4 Diagnóstico integrado

Quando o EIA já é orientado à avaliação de impactos cumulativos, o diagnóstico deve ser planejado para executar as tarefas especificadas na coluna central da Fig. 5.1:

- Identificar as principais causas passadas, atuais e possíveis causas futuras que possam contribuir para a alteração do estado de cada componente selecionado.
- Reunir informação relevante sobre o estado de cada componente selecionado mediante análise retrospectiva (trajetória) e prospectiva (tendências futuras na ausência dos projetos considerados).
- Estimar a resiliência ou avaliar a vulnerabilidade de cada componente em face das pressões do projeto ou grupo de projetos e demais fontes de pressão consideradas.

Nas seções e capítulos precedentes, já se tratou dos dois primeiros tópicos. Nesta seção, será discutido como abordar a resiliência ou a vulnerabilidade, começando por um exemplo extraído de um EIA.

No capítulo sobre impactos cumulativos do EIA da mina de ouro Amulsar (Armênia), preparado para atender aos Padrões de Desempenho da IFC (Lydian International, 2016), o diagnóstico desenvolvido em capítulos anteriores do EIA é sintetizado em relação aos componentes selecionados, como mostrado no Quadro 5.1. A síntese é apresentada como "condição da linha de base", ao lado da avaliação qualitativa da resiliência de cada componente em face das pressões decorrentes do projeto e de outros fatores de mudança.

Resiliência geralmente se refere à capacidade de um sistema responder a perturbações externas mantendo suas funções ou propriedades. Por exemplo, a resiliência de um ecossistema é entendida como sua capacidade de absorver perturbações e se reorganizar enquanto mantém essencialmente as mesmas funções, estrutura, identidade e retroalimentações (Walker et al., 2006, p. 14). Para aplicar o conceito, é sempre preciso especificar com clareza do que se está tratando: a resiliência *de que* (de qual elemento ou sistema?) *a que* (qual ameaça?) (Carpenter et al., 2001).

Como a resiliência tem se tornado um termo de uso corrente, deve-se ter grande atenção quando for empregá-la em um estudo de impacto cumulativo. Avaliar a resiliência de um sistema ecológico ou socioecológico não é nada trivial, então, é preciso não apenas parcimônia, mas também rigor no seu uso.

No EIA da mina Amulsar, esse conceito foi empregado para orientar a determinação da significância dos impactos. Para o meio biótico, a resiliência foi exemplificada da seguinte forma:

> Espécies de grande mobilidade, adaptáveis e de rápida reprodução são mais resilientes que espécies de baixa mobilidade, baixo crescimento populacional ou muito específicas em suas necessidades de hábitat. É também geralmente mais fácil que ocorra a recuperação de populações se apenas uma pequena parte da população original foi perdida (Lydian International, 2016, p. 6.11.5).

A explanação prossegue trazendo conceitos de populações resilientes e de hábitats resilientes empregados naquele EIA:

QUADRO 5.1 **Situação de referência de alguns componentes selecionados na avaliação de impactos de um projeto de mina de ouro**

Componente selecionado	Condição de linha de base	Resiliência ao estresse	Indicadores para avaliar a condição
Prados subalpinos e prados com elementos alpinos	Prados subalpinos em boa condição, como aqueles encontrados nos topos de Tigranes, são relativamente raros na Armênia. Essas áreas têm alta riqueza de espécies endêmicas e são consideradas por especialistas como importantes no contexto nacional. Esse ambiente representa 18% da área mapeada. Prados subalpinos com elementos alpinos são ainda mais raros e encontram-se ameaçados pelas mudanças climáticas. Espécies alpinas notáveis incluem *Arabis caucasica*, *Cystopteris fragilis* e *Hyunia pulchra* (endêmica).	Baixa – esse hábitat tem baixa resiliência devido à sua posição geográfica isolada e impossibilidade de relocação sem intervenção humana. Vulnerável às mudanças climáticas.	• Presença das seguintes espécies: *Aetheopapus caucasica*, *Arabis caucasica*, *Aster alpinus*, *Campanula bayerniana*, *Cystopteris fragilis*, *Erigerum venustus*, *Helichrysum plicatum*, *Hyunia pulchra*, *Jurinea moschus* e *Potentilla crantzii*. • Área (hectares) de hábitat em boa condição dentro da área afetada pelo projeto.
Hábitats naturais	Grande parte da área do projeto é constituída por hábitats naturais; segundo o Padrão de Desempenho 6, estes são tipos de hábitat que mantêm alta proporção de espécies nativas e têm sido mantidos mediante formas tradicionais de uso. Áreas com predominância de gramíneas usadas para pasto foram definidas como "naturais" quando não houve mudanças significativas devido ao replantio ou uso de fertilizantes inorgânicos.	Baixa/média – mudanças causadas por poluição, aporte de nutrientes ou diferentes formas de gestão podem persistir por longo prazo.	• Percentual de espécies nativas. • Área (hectares) sob uso ou formas tradicionais de manejo.

QUADRO 5.1 (continuação)

Componente selecionado	Condição de linha de base	Resiliência ao estresse	Indicadores para avaliar a condição
Coletores de plantas	A coleta de plantas alimentícias é comum na área do projeto. Entre os grupos entrevistados como parte das discussões em grupos focais, 50% a 60% das pessoas indicaram que coletam plantas como complemento alimentar. Veja seção S.n. do EIA para maiores detalhes.	Alta – embora a coleta seja prática comum, as espécies coletadas também estão amplamente disponíveis em outras terras comunais.	• Práticas sociais, tais como descritas em levantamentos junto a grupos focais.
Pastores com atividade diária	A prática é corrente em alguns vilarejos, principalmente Gndevaz. O gado é levado diariamente à montanha, sendo trazido de volta à noite. As famílias com frequência pastoreiam cooperativamente. Veja seção S.n. do EIA para mais informação.	Baixa/média – a prática é restrita pela distância do vilarejo e da propriedade da terra.	• Número de pastores exercendo a atividade. • Distância necessária para ganhar acesso à pastagem.
Pastores sazonais	O pastoreio sazonal (no verão) é prática tradicional na Armênia. Pastores de várias regiões se deslocam para a área do projeto e para o vale do Vorotan com seu gado e, ocasionalmente, carneiros. Estima-se em cerca de 58 o número de pessoas exercendo essa prática durante os meses de verão.	Média/alta – uma minoria de pastores sazonais tem usado a mesma área há gerações. Outros indicaram disposição para usar outros locais.	• Número de pastores sazonais frequentando a área do projeto. • Reclamações da comunidade.

Nota: quadro de exemplo contendo apenas alguns componentes, com o conteúdo editado para facilitar a compreensão.
Fonte: adaptado de Lydian International (2016, Figura 7.3).

Uma população resiliente é definida como aquela capaz de se recuperar a uma velocidade e a um nível que esteja dentro dos limites de variação normal, sem necessidade de mitigação, ao passo que hábitats resilientes são capazes de se reestabelecerem por meio de regeneração natural (Lydian International, 2016, p. 6.11.5).

Uma conclusão é que "para receptores de impactos não resilientes, mitigação é necessária" (Lydian International, 2016, p. 6.11.5). O ponto relevante a ser destacado é que o diagnóstico desse EIA concluiu sobre a resiliência de cada componente selecionado e sua vulnerabilidade às perturbações causadas pelo projeto analisado, assim como aos demais indutores de mudança.

O conceito de vulnerabilidade também pode ser utilizado para caracterizar um componente ambiental ou social. Vulnerabilidade é tida como o oposto da resiliência, segundo Eakin e Luers (2006). Ao rever conceitos de vulnerabilidade de sistemas socioambientais, esses autores mostraram, como esperado, uma variabilidade de ideias, mas também pontos de convergência, e apontaram que a diversidade é necessária para abarcar a complexidade do conceito, e que as diferentes abordagens são complementares.

Toro et al. (2012) reviram conceitos de vulnerabilidade aplicáveis à avaliação de impactos e formularam o conceito como "suscetibilidade natural ou adquirida [...] aos impactos da construção, operação ou desmontagem de projetos, estruturas construídas ou atividades" (p. 108), defendendo que a vulnerabilidade pode ser estimada qualitativamente para uso em avaliações de impacto. É importante destacar que, nessa concepção, a vulnerabilidade pode ser "natural ou adquirida", ou seja, determinados componentes ambientais são naturalmente vulneráveis, ao passo que outros se tornam vulneráveis como resultado de ação humana. Vulnerabilidade de um componente é, portanto, sua suscetibilidade aos impactos.

O conceito também é empregado em outros contextos, como vulnerabilidade em face de perigos naturais, frente às mudanças climáticas ou às pressões da própria sociedade, como a vulnerabilização de grupos sociais em decorrência de políticas econômicas, entre outros.

5.5 Avaliação de âmbito regional

Em uma AIC de âmbito regional, o diagnóstico pode ser focado em determinadas características ou propriedades dos componentes selecionados que facilitem a compreensão dos impactos dos vários indutores de mudança. Na já mencionada avaliação dos impactos de projetos hidrelétricos no Nepal (IFC, 2020), um dos componentes selecionados foi hábitats aquáticos. Para diagnosticá-los, foi empregada uma escala qualitativa da condição do hábitat, um índice de integridade biótica desenvolvido por Kleynhans (1996, 1999) para rios na África do Sul, com base em índices empregados em outros países. A condição é descrita mediante o emprego de cinco atributos: geomorfologia fluvial, condição das comunidades de algas, condição das comunidades de macroinvertebrados, condição das comunidades de peixes e integridade geral do ecossistema.

O rio Trishuli, que nasce no Tibete e tem uma bacia de 32 mil km^2, apresenta ecossistemas de águas frias a tépidas em seu percurso entre cerca de 2.000 m e 300 m de altitude. Estudos conduzidos ao longo de 15 anos, incluindo estudos de impacto ambiental preparados para projetos hidrelétricos, identificaram 60 espécies de peixes. Quatro espécies, sendo duas migratórias e duas residentes, foram utilizadas para estudos de modelagem; entre as espécies residentes, foi escolhida uma de águas frias e outra de águas tépidas.

Os resultados foram sintetizados em um quadro indicando a condição de cada atributo nas sete estações de estudo (Quadro 5.2). A escala qualitativa de A a F indica a condição ecológica, respectivamente, de natural a criticamente modificada, esta última representando perda quase completa de hábitats e biota natural.

Além dos projetos hidrelétricos instalados, foram apontadas a abertura de estradas, a extração de areia e cascalho do leito dos rios e a urbanização das margens como outras causas de alteração da qualidade da água e da integridade dos hábitats aquáticos.

Dependendo de como um componente é delimitado, pode ser necessário especificar os subcomponentes ou elementos que podem ser diferentemente suscetíveis aos impactos cumulativos. Assim, se um componente é denominado "vegetação nativa", é bem possível que se deva especificar de que vegetação se trata. Por exemplo, no litoral sudeste brasileiro, domínio da Mata Atlântica, pode ser preciso especificar impactos cumulativos sobre diferentes formações vegetais, tais como floresta ombrófila, restinga ou manguezal. Em particular, se algum ecossistema ameaçado, a exemplo das restingas, puder ser afetado pelo projeto ou conjunto de projetos, é importante destacá-lo.

QUADRO 5.2 **Situação de referência dos ambientes aquáticos do rio Trishuli**

Atributo	Ponto 1	Ponto 2	Ponto 3	Ponto 4	Ponto 5	Ponto 6	Ponto 7
Geomorfologia	A/B	A/B	A/B	A/B	B/C	C	B
Algas	B	B	B	B	B/C	D	B
Macroinvertebrados	B	B	B	B	C	D	B
Peixes	B/C	B/C	B/C	B/C	B/C	C	B
Integridade geral do ecossistema	B	B	B	B	B/C	C	B

Índice de integridade ecológica	Descrição da condição do hábitat
A	Não modificado. Ainda em condição natural
B	Ligeiramente modificado. Pequena mudança dos hábitats e biota natural, mas as funções do ecossistema permanecem essencialmente inalteradas
C	Moderadamente modificado. Houve perda e mudança de hábitats e biota natural, mas as funções do ecossistema permanecem predominantemente inalteradas
D	Amplamente modificado. Houve grande perda de hábitats e biota natural e de funções básicas do ecossistema
E	Seriamente modificado. A perda de hábitats e biota natural e de funções básicas do ecossistema é extensa
F	Criticamente modificado. Houve perda quase completa de hábitats e biota natural. As funções básicas do ecossistema foram completamente alteradas e as mudanças são irreversíveis

Fonte: adaptado de IFC (2020, p. 93-96).

O destaque de determinados subcomponentes ou mesmo partes de subcomponentes é justificado quando se necessita de uma análise acurada e em escala detalhada. No EIA da mina Amulsar, o componente recursos hídricos foi subdividido segundo trechos da rede hídrica que apresentam distintos níveis de vulnerabilidade aos impactos do projeto. A resposta de um receptor a mudanças decorrentes de um projeto varia segundo sua sensibilidade, que foi considerada de forma distinta para locais diferentes (Quadro 5.3). No estudo de impactos cumulativos do Alto Maipo, a rede hídrica também foi estudada em diferentes trechos de rios quanto aos efeitos de ações passadas (Tab. 5.1).

de área de agricultura e pastagem em área de mineração, (iii) a conversão de terraços aluvionares em cavas inundadas e exposição do aquífero e (iv) a alteração da morfologia fluvial (alargamento do canal do rio). O estudo apontou um aumento de 554% da área ocupada por mineração, de 574% de áreas industriais e de 109% de áreas urbanas em um intervalo de 25 anos, mostrando diversos indutores de mudança de cobertura da terra.

Alterações na cobertura da terra associadas a mineração, produção de celulose e abertura de estradas em uma região do Pará e Amapá foram estudadas por Siqueira-Gay *et al.* (2022b). Em um contexto regional muito diferente daquele do estudo de Santo e Sánchez (2002), também foram calculadas taxas de mudança de cobertura da terra e identificadas as principais transições, ou seja, quais classes de cobertura deram lugar a quais novas classes, por exemplo, floresta transformada em pastagem ou em mineração. Na região do Jari (Fig. 5.6), onde um empreendimento de produção de celulose foi construído nos anos 1980 (conhecido como Projeto Jari), mais de 1.000 km² de floresta foram convertidos em plantios homogêneos de eucalipto no período de vinte anos entre 1997 e 2017, e uma área quase igual foi convertida de floresta em pastagem. Os impactos de novos projetos precisam ser avaliados em relação a essa dinâmica da paisagem.

Fig. 5.6 *Vista da fábrica de celulose do Jari*

Tais estudos mostram que um diagnóstico analítico deve procurar explicar as causas e os indutores de mudança da condição dos componentes selecionados. Os exemplos se concentraram na cobertura da terra, mas estudos com objetivos similares podem ser feitos para outros componentes, como qualidade da água ou vazões, que também são afetadas por mudanças na cobertura da terra, a exemplo da bacia do Itacaiúnas, cujo estudo foi descrito na seção 4.4.

É importante destacar o papel do diagnóstico analítico como suporte para a análise de impactos, em contraposição a um diagnóstico descritivo, o qual tem pouco ou nenhum uso nas tarefas subsequentes de avaliação de impactos e, por conseguinte, pouca utilidade para a formulação de recomendações e menos ainda para a tomada de decisão.

Como mostrado nos exemplos deste capítulo, diagnóstico e análise de impactos estão fortemente interligados. Convém notar, a esse respeito, que tal interligação não ocorre na maioria dos estudos de impacto ambiental brasileiros – frequentemente o diagnóstico contém grande volume de informação que não é utilizada para analisar impactos.

5.6 Pontos de destaque

- Espera-se que o diagnóstico possa ser feito essencialmente a partir de dados existentes. A coleta de novos dados, se necessária, deve ser focada em cobrir lacunas de informação sobre os componentes selecionados.
- É fundamental ter completa clareza sobre como serão usados dados e informações reunidos ou coletados para compor o diagnóstico e estabelecer a linha de base para avaliação.
- O diagnóstico deve concluir sobre a resiliência dos componentes selecionados ou sua vulnerabilidade às perturbações causadas pelo projeto ou grupo de projetos ou plano analisado, assim como aos demais indutores de mudança.
- Ao avaliar impactos cumulativos como parte de um estudo de impacto ambiental, pode ser necessário complementar o diagnóstico dos componentes selecionados.
- O diagnóstico deve servir de suporte para a análise de impactos, e por isso deve ser analítico, em contraposição a um diagnóstico descritivo, que tem pouco ou nenhum uso nas tarefas subsequentes de avaliação de impactos.

ANÁLISE DE IMPACTOS CUMULATIVOS

6

A análise de impactos compreende três tarefas principais: a identificação, a previsão da magnitude e a determinação da significância dos impactos cumulativos. Essas tarefas não são diferentes daquelas usuais na preparação de um estudo de impacto ambiental; uma distinção fundamental, porém, é que não se trata de avaliar os impactos de um único projeto, mas de um conjunto de projetos e outras ações que, cumulativamente, concorrem para modificar a qualidade ambiental. Esse conjunto de projetos e indutores de mudança é articulado em um cenário de avaliação.

As atividades que compõem a análise de impactos, representadas na Fig. 6.1, são informadas:

- pelo diagnóstico analítico dos componentes ambientais e sociais selecionados;

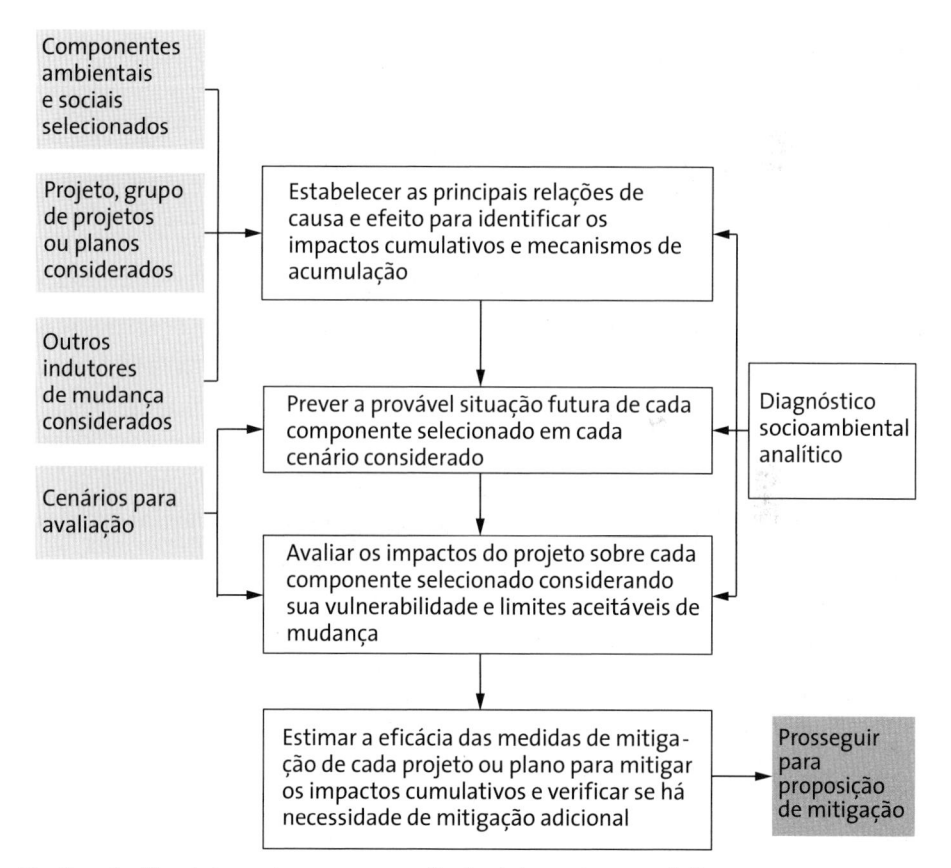

Fig. 6.1 *Análise de impactos em uma avaliação de impactos cumulativos*

- pela caracterização das atividades dos projetos selecionados e demais indutores de mudança considerados;
- pelos cenários de avaliação concebidos durante a definição do escopo.

Este capítulo começará apresentando cenários para avaliação de impactos cumulativos, uma vez que o diagnóstico e a definição do escopo já foram vistos nos capítulos anteriores. Os cenários podem ser elaborados de modo conceitual durante a etapa de planejamento da AIC, e desenvolvidos posteriormente para a análise de impactos.

As atividades da análise de impactos propriamente dita estão representadas na coluna central da Fig. 6.1. Assim como em um EIA, para analisar impactos, procura-se primeiro estabelecer as relações de causalidade, explicando por quais vias as atividades do projeto ou conjunto de projetos incluídos na análise, juntamente com outros indutores de mudança, afetam ou podem afetar os componentes selecionados. Naturalmente, um levantamento prévio dessas relações de causalidade já deve ter sido realizado para definir o escopo da AIC. Na etapa de análise, as relações de causalidade devem ser descritas de maneira sistemática e devidamente registradas.

Em seguida, procura-se determinar a provável situação futura de cada componente nos cenários de avaliação construídos previamente. A determinação da significância dos impactos cumulativos, considerando a sua magnitude e a vulnerabilidade ou resiliência de cada componente, é o passo seguinte.

Os empreendimentos em operação normalmente já realizam programas de gestão ambiental, enquanto os projetos razoavelmente previsíveis considerados na avaliação deverão ter suas respectivas medidas mitigadoras. Ainda que essas medidas não sejam conhecidas, podem ser conjecturadas as medidas usualmente empregadas segundo o tipo de projeto. Por isso, antes de indicar como mitigar os impactos cumulativos, é preciso considerar o resultado esperado das medidas de mitigação de cada projeto, junto com os efeitos dos demais indutores de mudança, para determinar a necessidade de mitigação adicional específica para impactos cumulativos.

6.1 Cenários de avaliação

Avaliar impactos é comparar duas situações futuras, ambas hipotéticas. Uma delas é a situação com o projeto e as mudanças previstas na paisagem, nas águas, na mobilidade das pessoas e da fauna silvestre, na tranquilidade dos moradores, nas oportunidades de desenvolvimento pessoal e coletivo, quase sempre distribuídas desigualmente, e os demais impactos. A outra situação é aquele mesmo local e as mesmas comunidades, no futuro, mas sem o projeto e as demais ações. Ao preparar um estudo de impacto ambiental, a situação futura sem o projeto é às vezes chamada de alternativa zero ou de não realização do empreendimento proposto.

Ocorre que, muitas vezes, por simplificação ou pela própria dificuldade de prognosticar a possível situação futura sem o projeto, os impactos são avaliados por referência à situação atual, aquela descrita no diagnóstico ambiental. Então, em vez de comparar duas situações futuras, com e sem o projeto, ambas hipotéticas, compara-se a situação atual com aquela prevista com o projeto, para a qual se espera responder perguntas como: qual será a futura concentração de poluentes no ar? Qual será a disponibilidade hídrica? Qual área de vegetação nativa será suprimida? Quantos novos empregos serão criados?

Embora essa simplificação possa, em certos casos, ser justificada, a consideração da situação futura sem o projeto, conjunto de projetos ou plano aprimora a avaliação de impactos. A situação futura sem o projeto ou alguma outra intervenção planejada é chamada de cenário contrafactual. Em diversos ramos de políticas públicas, os impactos de intervenções planejadas são avaliados de modo *ex post* (ou seja, depois de implementada a intervenção). Esse tipo de avaliação procura detectar os resultados de uma política ou programa em relação à situação que ocorreria na ausência da intervenção (Trevisan; Van Bellen, 2008). Exemplos são avaliações *ex post* de programas de educação, de saúde e de incentivos a determinados setores da economia. A ausência de intervenção é o cenário contrafactual na avaliação de políticas públicas.

Cenários contrafactuais foram muito divulgados durante a pandemia da Covid-19, entre 2020 e 2022, quando os meios de comunicação frequentemente informavam quantas mortes e internações ocorreriam se não houvesse vacinação em massa da população. Também foram feitos estudos retrospectivos para avaliar a eficácia dos programas de vacinação. Ferreira *et al.* (2023) estimaram o número de mortes e internações que teriam sido evitadas no Brasil se a vacinação tivesse sido iniciada mais cedo e no ritmo que alcançou poucas semanas depois do início tardio em janeiro de 2021. Construindo um cenário contrafactual, os autores estimaram que cerca de 47 mil mortes e 104 mil internações de pessoas idosas poderiam ter sido evitadas. Projeções do número de mortes com e sem aplicação da vacina eram veiculados regularmente. Outro estudo (Watson *et al.*, 2022) estimou que globalmente, desde a aplicação das primeiras vacinas em 8 de dezembro de 2020, 14,4 [13,7-15,9] milhões de mortes foram evitadas apenas no primeiro ano, até 8 de dezembro de 2021. Os autores "simularam um cenário contrafactual no qual nenhuma vacina estaria disponível" (p. 1295) e a doença seria transmitida à mesma taxa (fator R de reprodução da infecção) registrada antes do início da vacinação, e o compararam com os dados de mortalidade.

Outro campo em que os resultados esperados ou observados de intervenções planejadas são avaliados por comparação com um cenário contrafactual, ou seja, a situação prevista (em estudos *ex ante*) ou simulada (em estudos *ex post*) sem a intervenção, é o planejamento de ações voltadas à conservação da biodiversidade (Bull *et al.*, 2014).

Também o Painel Intergovernamental sobre Biodiversidade e Serviços Ecossistêmicos, ao formular recomendações para proteção e uso sustentável da biodiversidade, preconiza o uso de cenários como ferramenta de planejamento: "cenários são representações de futuros possíveis para um ou mais componentes de um sistema, particularmente, nesta avaliação, de indutores de mudanças [...] incluindo opções de gestão e políticas alternativas" (IPBES, 2016). O uso de cenários é associado ao uso de modelos, que são "descrições quantitativas ou qualitativas de componentes-chave de um sistema e das relações entre esses componentes".

> Cenários e modelos desempenham papéis complementares. Cenários descrevem futuros possíveis para motores de mudança ou intervenções de políticas. Modelos traduzem os cenários em consequências projetadas para a natureza e para os benefícios da natureza para as pessoas (IPBES, 2016).

Para construir cenários contrafactuais de biodiversidade, é necessário analisar tendências e indutores de mudanças na área de estudo (Bull *et al.*, 2014), fazendo a reconstituição das mudanças ocorridas no passado. A área ocupada por vegetação nativa é um indicador muito utilizado nesse tipo de estudo porque é relativamente fácil de mapear, ainda que seu uso signifique uma simplificação da complexidade dos ecossistemas.

Investigando a evolução da cobertura florestal em uma região da Serra do Espinhaço, em Minas Gerais, Siqueira-Gay e Sánchez (2022) estudaram as mudanças ocorridas a cada ano entre 1985 e 2019 em uma área de estudo de 3.236 km². A partir de informação do satélite Landsat processada pelo projeto MapBiomas, foi constatado que, nesse período, a cobertura de floresta nativa oscilou entre cerca de 1.530 km² e 1.720 km², respectivamente 47% e 53% da área de estudo. Dentro desse intervalo de 34 anos, foi implantado um grande projeto de mineração e instalações associadas. Para quantificar perdas e ganhos de cobertura florestal que poderiam ser atribuídas, respectivamente, à implantação do projeto e a medidas de compensação ambiental (restauração e proteção de áreas), a dinâmica de mudanças em um período anterior foi estudada, mapeando-se as principais transições – ou seja, a mudança de uma forma de cobertura da terra para outra, como floresta para pastagem, ou pastagem para silvicultura. As taxas anuais de mudança foram obtidas por meio de comparação entre mapas de anos sucessivos. Em seguida, as possíveis mudanças a partir do ano de referência (no caso, 1999) foram modeladas e comparadas com aquelas observadas até 2019. Dessa forma, a diferença entre o modelado e o observado corresponde aos impactos – do empreendimento e de outros indutores de mudança, portanto, cumulativos – sobre esse componente. A cobertura florestal modelada é o cenário contrafactual sem o projeto, que permite comparar os impactos observados ano a ano e não com um valor estático correspondente ao ano de elaboração do EIA. Foram também modeladas possíveis mudanças até 2030, estabelecendo um cenário contrafactual futuro.

Nas chamadas paisagens dinâmicas (Sonter *et al.*, 2017), como a do caso anterior, onde ocorrem mudanças ao longo do tempo, com perdas e ganhos de vegetação nativa e de outras formas de cobertura da terra, é possível modelar a dinâmica de mudanças e projetar situações futuras plausíveis (cenários) simulando determinada intervenção.

Outras mudanças na paisagem estão associadas à expansão de áreas urbanas. Bragagnolo e Geneletti (2014) desenvolveram cenários de espraiamento urbano em uma área ao norte de Milão, Itália, que estava passando por diversas mudanças de uso do solo, impulsionadas pela construção de infraestrutura de transporte, centros comerciais, declínio da agricultura e esvaziamento do centro da cidade. Os autores notaram uma "redução cumulativa do valor ecológico da paisagem rural" (p. 53) e um declínio na provisão de serviços ecossistêmicos de regulação do clima e regularização do regime hídrico. Em uma área de estudo de 405 km², os autores simularam duas opções de zoneamento de uso do solo, uma com base em planos locais e outra com base em planos regionais. Para cada opção, foram consideradas alternativas binárias (sim ou não) de três "decisões setoriais" com grande influência sobre o futuro uso do solo: a construção anunciada de uma rodovia, a implementação (forte ou fraca) de medidas de restauração de áreas degradadas no interior de áreas protegidas, e a implementação (forte ou fraca) de políticas rurais como subsídios para preservar paisagens agrícolas. Das doze combinações possíveis, seis foram consideradas plausíveis e tiveram seus impactos avaliados.

Dessa forma, cenários para AIC podem ser construídos basicamente de duas maneiras:

- como carteiras de projetos;
- por simulação.

O primeiro modo é conceitualmente simples e mais empregado quando a AIC faz parte de um EIA ou quando se avaliam os impactos de um grupo determinado de projetos. Trata-se de selecionar empreendimentos e projetos (seção 4.3) e descrever suas atividades e respectivos impactos, como exemplificado na seção 6.2. Já o segundo modo é fundamentado no uso de ferramentas de modelagem e tem sido mais utilizado para pesquisas, mas pode ser empregado em avaliações prospectivas de impactos cumulativos, principalmente de âmbito regional.

Os cenários do tipo carteira de projetos são determinísticos: considera-se que aquele grupo de projetos será implementado. Mesmo que haja incerteza quanto à real implementação de projetos razoavelmente previsíveis, todos os projetos selecionados são levados em consideração na análise de impactos. É possível montar cenários com diferentes quantidades de projetos, por exemplo, os mais prováveis e de curto prazo separados daqueles cuja implantação é mais incerta, em geral no futuro mais distante.

Quando se montam diferentes cenários, devem ser avaliados os impactos de cada um deles, principalmente do que representa a condição de maior pressão sobre os componentes selecionados. Diz-se que essa é uma abordagem conservadora, visando a máxima proteção ambiental, porque, se todos os projetos forem implantados, ocorrerá a máxima pressão. Tal forma de trabalho é comum em planejamento e gestão ambiental. Por exemplo, em modelagens de dispersão de poluentes do ar, é recomendável adotar parâmetros que representem as piores condições meteorológicas, aquelas que resultarão em maiores concentrações de poluentes. Se nessa configuração os padrões de qualidade não forem excedidos, também não devem ser ultrapassados em condições mais favoráveis para a dispersão dos poluentes.

Segundo Joseph et al. (2023), preparar cenários como carteiras de projetos corresponde à prática usual no Canadá, onde predomina a apresentação de dois cenários, um cenário-base, correspondente ao projeto e seus impactos (*application case*), e um cenário de impactos cumulativos, com o projeto proposto acrescido de outros já apresentados ou anunciados. Os autores entendem que essa abordagem é insuficiente e argumentam que o mais adequado é preparar dois ou mais cenários "acrescentando o projeto em um ambiente dinâmico influenciado por todos os indutores de mudança relevantes" (p. 167), e não apenas um conjunto de projetos.

Por sua vez, os cenários simulados são probabilísticos. Com base em determinadas premissas, por exemplo, variáveis explicativas das mudanças de cobertura da terra (como em Siqueira-Gay et al., 2022a) ou configurações de implementação de planos e programas governamentais (como em Bragagnolo e Geneletti, 2014), simulam-se possíveis configurações futuras, com ajuda de ferramentas de análise espacial, como sistemas de informação geográfica. Como será mostrado nas próximas seções a partir de um exemplo extraído de Evans e Kiesecker (2014), é possível extrapolar certas características de alguns tipos de projetos, como área ocupada, e simular sua disseminação e distribuição futura em determinada região e, assim, verificar se as prováveis localizações estão próximas ou se sobrepõem a recursos ambientais ou comunidades que poderiam ser afetadas cumulativamente. Já o estudo de Bragagnolo e Geneletti (2014) mostra como decisões de zoneamento de uso do solo influenciam cumulativamente a provisão de serviços ecossistêmicos.

6.2 Identificação de impactos

Embora a identificação de impactos cumulativos já tenha sido adiantada na etapa de definição de escopo, convém explicar as relações de causalidade e descrever de modo detalhado quais serão os impactos sobre os componentes selecionados. O mapeamento de relações causais é recomendado por diversos autores e guias – por exemplo, Canter (2015), Hegmann et al. (1999) e USCEQ (1997). Como impactos cumulativos têm diversas causas, é preciso inicialmente descrever as principais atividades humanas ou processos que afetam cada componente, para depois detalhar as respostas dele.

No Quadro 6.1, algumas atividades do plantio de cana-de-açúcar em escala industrial, para fabricação de etanol e açúcar refinado, são relacionadas com a vegetação terrestre e a biota aquática, receptores de impactos dessas atividades. A vegetação nativa é afetada pelo corte de algumas árvores isoladas preexistentes e pela mudança de uso do solo, uma vez que culturas de cana-de-açúcar se expandiram sobre áreas de pastagem ou de outros cultivos, como frutas. Já a biota aquática é afetada por poluentes liberados pela aplicação de herbicidas e de vinhaça, que é um subproduto da fabricação do etanol, um efluente líquido

QUADRO 6.1 **Impactos cumulativos sobre componentes selecionados de biodiversidade resultantes do plantio de cana de açúcar**

Componente	Fonte de impacto	Impacto direto	Aspecto da biodiversidade	Impacto cumulativo
Vegetação	Implantação das áreas de cultivo (mudança de uso do solo)	Intensificação do isolamento de fragmentos de vegetação nativa	Estrutura	Redução da riqueza das espécies em fragmentos florestais[1]
Vegetação	Supressão de árvores isoladas	Diminuição da permeabilidade da matriz de paisagem	Processos-chave	Redução da diversidade genética em populações vegetais[2]
Organismos aquáticos	Aplicação de vinhaça	Degradação da qualidade da água	Composição	Mortalidade e mudanças comportamentais e morfológicas em indivíduos aquáticos[3][4]
Organismos aquáticos	Aplicação de herbicidas	Acumulação de substâncias tóxicas nos organismos	Composição	Mortalidade e mudanças comportamentais em indivíduos aquáticos[5]

Nota: as referências são [1] Metzger (1999); [2] Ellstrand e Elam (1993); [3] Kumar e Gopal (2001); [4] Marinho et al. (2014); e [5] Schiesari et al. (2013).
Fonte: modificado de Dibo (2018).

com alta concentração de nutrientes que é aproveitado nas plantações para a chamada fertirrigação, combinação de fertilização com irrigação. A Companhia Ambiental do Estado de São Paulo (Cetesb) tem uma norma técnica para orientar a aplicação da vinhaça, visando proteger as águas subterrâneas e superficiais. Na Fig. 6.2 apresenta-se um diagrama causal para os impactos cumulativos da aplicação da vinhaça e de herbicidas sobre organismos aquáticos, sujeitos à bioacumulação (seção 1.3).

Quando se trata de avaliar impactos cumulativos como parte de um EIA, as atividades ou ações do projeto normalmente são descritas em um capítulo de caracterização do projeto. Todavia, as atividades de outros projetos e empreendimentos em operação também precisam ser consideradas, e pode ser difícil o acesso a informações suficientemente detalhadas. Nesses casos, descrever atividades "genéricas", ou seja, usuais em determinados tipos de projetos, é uma solução simples.

Em avaliações de caráter regional, pode ser suficiente considerar apenas algumas características básicas dos tipos de projetos analisados para avaliar impactos sobre determinados componentes selecionados. Por exemplo, na região dos Apalaches, no leste dos Estados Unidos, tem havido grande desenvolvimento de parques eólicos e de produção do chamado gás de xisto, uma fonte não convencional de gás fóssil que teve grande desenvolvimento naquele

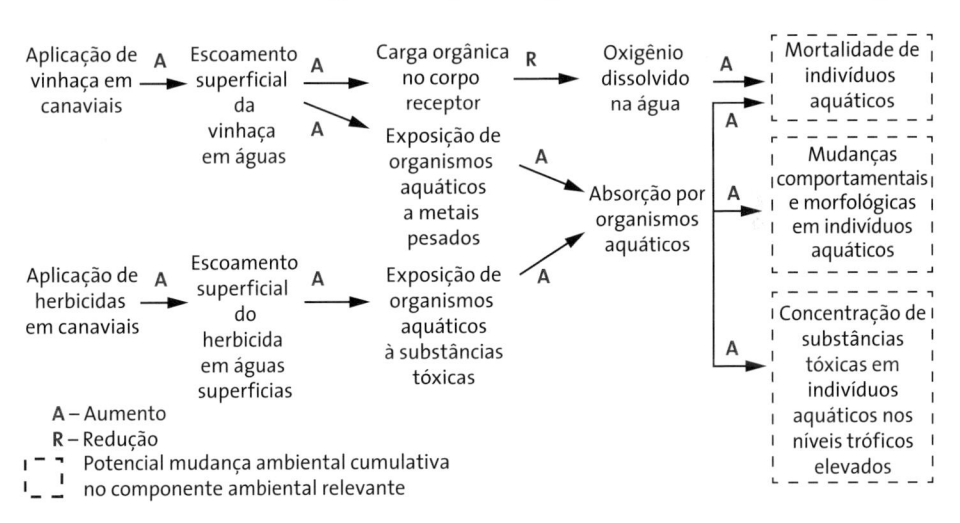

Fig. 6.2 *Diagrama causal de impactos do plantio de cana-de-açúcar sobre organismos aquáticos*
Fonte: Dibo (2018) com base em procedimento de Perdicoúlis e Piper (2008).

país pelo avanço da técnica de faturamento hidráulico. Essa técnica causa diversos impactos sobre a água subterrânea e requer grandes quantidades de água e areia, entre outros insumos. Entretanto, nessa região de florestas, que também é uma área de mananciais, a execução de milhares de perfurações para produção de gás e a abertura de vias de acesso causam impactos potencialmente significativos sobre os ecossistemas florestais e aquáticos, devido ao desmatamento e à impermeabilização do solo. Se combinados com os impactos de outras ações, como a construção de parques eólicos e a produção madeireira, os efeitos cumulativos podem ser preocupantes. Algumas relações causais são explicadas por Evans e Kiesecker (2014, p. 1): "desmatamento e aumento da superfície impermeabilizada influenciam regimes hidrológicos, de transporte de sedimentos e de nutrientes, os quais, por sua vez, influenciam a biota aquática e processos ecológicos de águas doces".

Há outras situações em que é necessário avaliar os impactos de um grupo determinado de projetos, com a construção de cenários mediante montagem de uma carteira de projetos, conforme explicado na seção 6.1. Esse foi o caso do estudo sobre impactos cumulativos de obras de descaracterização de 46 barragens de rejeitos (Neri et al., 2021), a maioria concentrada na Região Metropolitana de Belo Horizonte, com grupos de barragens próximos entre si e muitas vezes próximos a áreas habitadas (seção 4.2).

Como se tratava de empreendimentos do mesmo tipo, embora com métodos de construção e operação distintos, primeiro foi elaborada uma lista de atividades, homogeneizando a nomenclatura empregada em diferentes documentos de projeto (memoriais e plantas) e definindo em que consiste cada atividade (Quadro 6.2). Por exemplo, em algumas barragens, os rejeitos foram escavados e reprocessados, mas, em outras, os rejeitos e a estrutura de retenção foram mantidos e estabilizados mediante a construção de aterros de reforço com brita e areia (Fig. 6.3), o que aumentou a demanda desses materiais, implicando, por sua vez, a ampliação da produção de pedreiras ou a expansão da área minerada, assim como o aumento do volume de tráfego de caminhões.

Além de trabalhos realizados nos próprios locais das barragens de rejeitos e proximidades, foram construídas outras barragens, a jusante das barragens de rejeito de maior risco. Essas obras (Fig. 6.4) foram justificadas como medida de segurança, pois a execução das obras de descaracterização poderia instabilizar ou aumentar o risco nas barragens mais críticas, de forma que as novas bar-

QUADRO 6.2 **Extrato de lista de atividades executadas nos projetos de descaracterização de barragens de rejeitos de mineração**

Atividade		Descrição
01	Implantação e operação de canteiro de obras	Transporte de materiais, construção e uso de escritórios, refeitórios, instalações sanitárias, depósitos e outras instalações
03	Aquisição de bens e serviços	Contratação de serviços de construção civil, vigilância, limpeza, alimentação, transporte, serviços de engenharia e outros; compra de equipamentos tecnológicos e insumos para as obras, tais como brita, areia, manta drenante, tubulações, combustível, lubrificantes e outros
04	Supressão de vegetação nativa	Corte de vegetação nativa, de qualquer porte e em qualquer estágio de regeneração
05	Supressão de vegetação (outras)	Supressão de vegetação não nativa, como pastagens, culturas, árvores exóticas
06	Abertura ou adequação de vias de acesso	Diferentes tipos de obras podem ser necessários, como terraplenagem, revestimento de superfície com cascalho ou outro material, instalação de sistemas de drenagem de águas pluviais, alargamento e outros
09	Escavação de solo	Escavação de solo para fundação de obras (como aterros de reforço), abertura de canais de drenagem, canais de adução, trincheiras, criação de bacias de retenção, obras de terra em geral e outros fins
12	Perfuração de poços e bombeamento de água subterrânea	Perfuração de poços tubulares para rebaixamento do nível d'água no interior de reservatórios de rejeitos
13	Construção de aterro de reforço (Fig. 6.3)	Disposição ordenada de material de empréstimo e/ou de estéreis, em geral mediante basculamento de caçambas de caminhão, seguida de compactação
14	Construção de barragem de contenção de sedimentos	Construção de nova barragem, em etapa única, para retenção de rejeitos
16	Transporte de materiais, equipamentos e insumos para obras	Transporte rodoviário, por vias públicas, de diferentes materiais, insumos e equipamentos necessários para as atividades de descaracterização

Fonte: Neri et al. (2021).

Quadro 6.4 Descrição sintética dos impactos

#	Impacto	Explanação
03	Degradação da qualidade do ar	Aumento da concentração de poluentes devido a emissões fugitivas nas áreas de obras, emissões de motores a combustão de veículos e equipamentos nas áreas de obra e nas vias de transporte
06	Redução da área de hábitat natural/ seminatural	Ambiente seminatural é empregado no sentido conceituado pelo Painel Intergovernamental de Biodiversidade e Serviços Ecossistêmicos (IPBES, 2021): um ecossistema com a maioria de seus processos e biodiversidade intactos, embora alterado por ação humana; a redução da área ocorre pela instalação de canteiros de obras, vias de acesso e outras atividades
14	Perda de locais de moradia, trabalho e convívio social	Casos em que há deslocamento involuntário, como na remoção de moradores e impedimento de atividades econômicas nas zonas de autossalvamento[1]
15	Perda, deterioração ou descontextualização de bens culturais	Bens culturais podem ser afetados por destruição (como a escavação ou soterramento de um sítio arqueológico) ou porque o contexto paisagístico do entorno é drasticamente alterado (como no caso de uma edificação "ilhada" em uma área industrial)
16	Deterioração de vias públicas	Desgaste e deterioração do pavimento devido ao incremento do fluxo de veículos pesados
17	Aumento de tempos de viagem	Aumento do tempo de deslocamento de pessoas e do tempo de transporte de cargas devido ao incremento de tráfego de veículos pesados
19	Aumento do risco de comprometimento da saúde mental	Situações de estresse pelo conhecimento de riscos associados à presença de barragens de rejeito, com possível desenvolvimento de transtornos como ansiedade em indivíduos expostos
20	Perda de valor imobiliário	Desvalorização de imóveis residenciais e comerciais situados nas zonas de autossalvamento[1] e/ou nas imediações delas
25	Aumento da demanda de serviços públicos	No caso de barragens de rejeitos e obras de desativação, esse impacto se refere principalmente aos serviços da Defesa Civil

[1] Zonas de autossalvamento são áreas delimitadas segundo critérios da legislação, nas quais não há tempo de intervenção da Defesa Civil; em caso de ruptura de barragem, a população precisa se deslocar por conta própria para locais seguros previamente determinados.
Fonte: Neri et al. (2021).

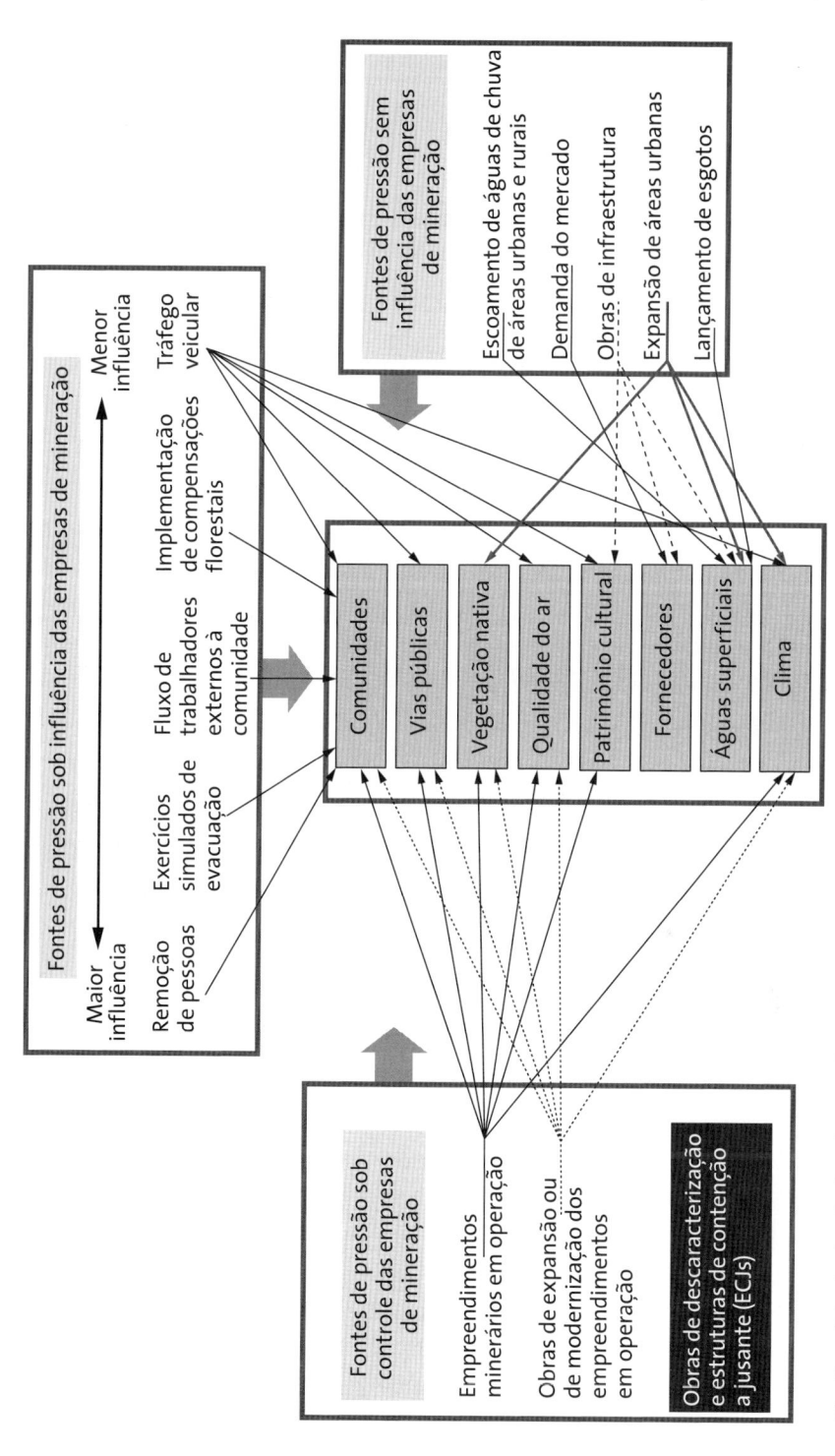

Fig. 6.5 Principais relações de causalidade entre fontes de pressão e impactos ambientais em obras de descaracterização de barragens de rejeitos de mineração

Fonte: Neri et al. (2021).

atividades, algumas sob influência das empresas de mineração, a exemplo de realização obrigatória de exercícios simulados de evacuação de zonas de risco, atividades realizadas por terceiros, como obras de infraestrutura, e processos de dinâmica própria, como expansão de áreas urbanas.

Como o foco da AIC deve estar nos componentes selecionados, é importante identificar tanto as principais ações que os influenciam na atualidade quanto as que poderão influenciá-los no futuro, com a implementação dos projetos ou dos planos avaliados.

Um estudo exploratório de impactos cumulativos de parques eólicos oceânicos (*offshore*) de âmbito regional, na costa sudeste dos Estados Unidos, também montou cadeias causais com o objetivo de estabelecer um "cenário de referência de impactos cumulativos" para auxiliar "a identificação de ações relevantes para análises de impactos cumulativos e o desenvolvimento de estudos ambientais consistentes e sucintos" (USBOEM, 2020, p. 5). Exemplificadas na Fig. 6.6, as relações causais entre projetos de energia renovável e recursos ambientais (componentes) potencialmente afetados foram mediadas por "fatores causadores de impacto" que direta ou indiretamente afetam recursos ambientais. Os fatores causadores de impactos correspondem a aspectos ambientais das atividades dos projetos (ver Cap. 8 de Sánchez, 2020, para explicação sobre aspectos e impactos ambientais). Esse estudo propôs uma padronização de atividades e fatores causadores de impactos para possível uso em estudos de impacto ambiental e estudos ambientais simplificados.

6.3 Previsão de impactos

A previsão informa sobre a magnitude esperada de um impacto. Termo comum em avaliação de impactos, a magnitude corresponde a uma descrição da intensidade ou de quanto determinado componente ambiental é afetado. A magnitude de um impacto é o desvio de uma condição de referência, ou seja, a diferença entre uma condição futura prevista e a condição de referência. Essa condição de referência é a situação do componente sem a perturbação causada pelo projeto, conjunto de projetos ou plano em análise, denominada cenário contrafactual (seção 6.1). Assim, o impacto corresponde à diferença entre a condição futura do componente avaliado com e sem a presença do projeto, grupo de projetos ou plano em análise.

Análise de impactos cumulativos | 149

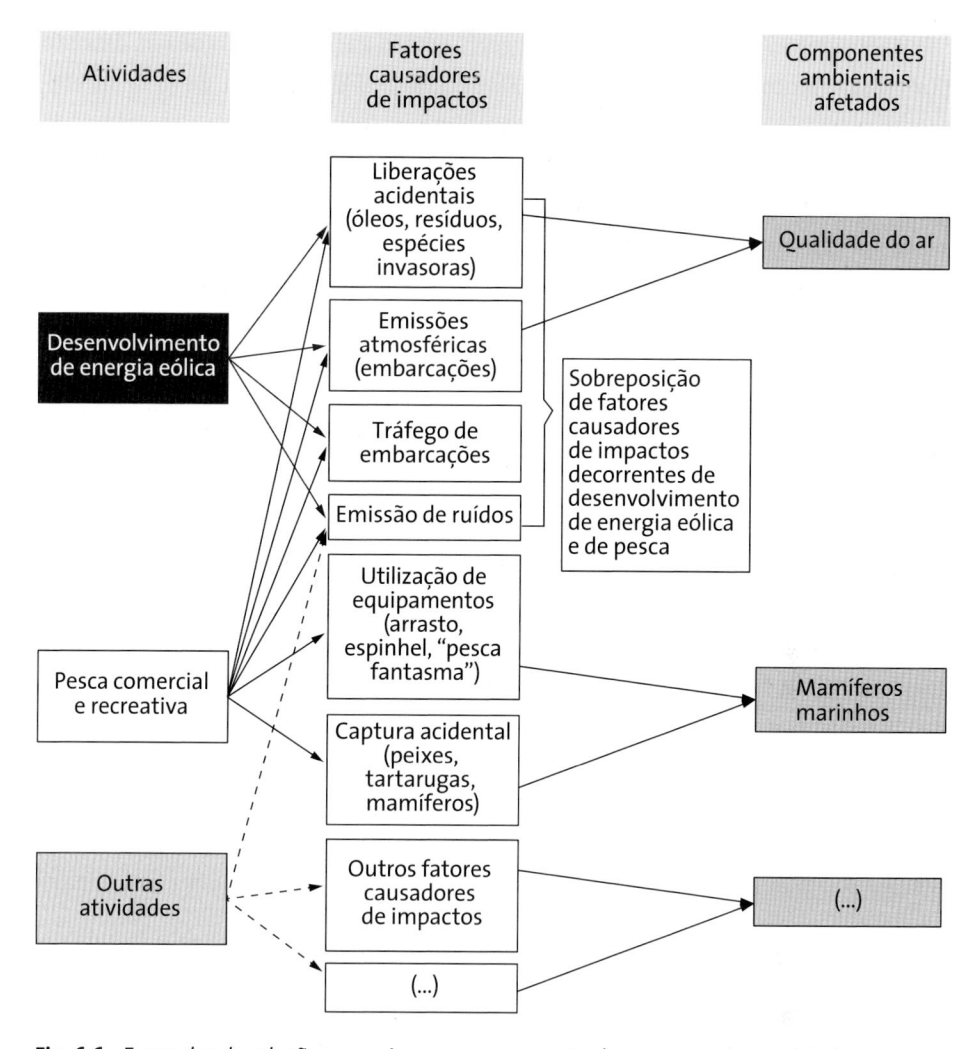

Fig. 6.6 *Exemplos de relações causais para mapeamento de componentes ambientais afetados por parques eólicos oceânicos*
Fonte: adaptado de USBOEM (2020).

Em certos casos, as previsões de impacto podem ser quantitativas. Impactos tipicamente passíveis de previsões quantitativas incluem diminuição da disponibilidade hídrica, degradação da qualidade da água e do ar e perda de vegetação, comuns em EIAs.

Para estudar os impactos sobre florestas e recursos hídricos em uma área de 171 mil km² (com 70% cobertos por florestas), decorrentes da expansão simultânea da produção de energia eólica e de perfurações para produção de gás de xisto por faturamento hidráulico, Evans e Kiesecker (2014) partiram da área diretamente ocupada por cada tipo de empreendimento, sua infraestrutura associada e a área de impacto indireto (Quadro 6.5). Essas características básicas dos projetos são informações essenciais para prever a magnitude dos impactos. Adotando cenários de expansão das duas atividades, os autores simularam o número de projetos de cada tipo e a área total a ser ocupada (seção 6.1). Foram quantificados a perda de vegetação florestal e o percentual da área de cada sub-bacia hidrográfica que seria impermeabilizada. Ambos são parâmetros preditivos da qualidade das águas superficiais, o componente ambiental que foi o foco desse estudo.

Esse estudo fez uma projeção da quantidade de projetos que pode ser razoavelmente esperada nos cenários: cerca de 26 mil plataformas de poços e quase 11 mil novas turbinas eólicas. Essas são, portanto, quantidades hipotéticas, porém plausíveis, de projetos cujos impactos poderão se acumular nessa área. A modelagem utilizada permitiu estimar onde haveria maior probabilidade de desenvolvimento. Tal tipo de modelagem, denominada espacialmente explícita por especificar onde poderão ocorrer as mudanças, permite sobrepor a localização dos poços e turbinas a mapas de distribuição de componentes ambientais, identificando, por exemplo, em quais sub-bacias hidrográficas haverá maior concentração de projetos.

A modelagem de cenários possibilita testar diversas configurações de intervenções e sua distribuição espacial. Para simular intervenções associadas

Quadro 6.5 Área unitária de dois tipos de instalações de geração de energia

Área de impacto direto e indireto (ha)[1]	Tipo de instalação	
	Poço de faturamento hidráulico[2]	Turbina eólica
Empreendimento	1,30	0,57
Infraestrutura associada[3]	10,30	0,20
Efeito indireto	8,6	5,42
Total	20,2	6,19

[1] Obtida a partir de fotografias aéreas de instalações similares na mesma região.
[2] Plataformas contendo quatro ou oito poços cada.
[3] Gasodutos, vias de acesso e outros.
Fonte: Evans e Kiesecker (2014).

a um hipotético desenvolvimento de mineração em uma região do noroeste da Amazônia que precisaria da construção de estradas, Siqueira-Gay e Sánchez (2020) consideraram quatro cenários para estimar as possíveis perdas indiretas de cobertura florestal decorrentes da abertura de novas rodovias, abrangendo, em cada cenário, duas hipóteses de zona de influência (a distância de cada lado da estrada sujeita a perda ou degradação de florestas pela ação de terceiros). Dessa forma, foi quantificada a perda acumulada de floresta em cada cenário. Esse tipo de abordagem pode ser útil quando se avaliam impactos de projetos pioneiros, que podem ter impactos de pequena magnitude individualmente, mas que, ao facilitar a implantação de outros projetos, estão na origem de impactos cumulativos maiores.

Nesses dois estudos citados, os impactos foram previstos para cenários probabilísticos simulados. Previsões de magnitude de impactos também são necessárias quando os cenários de avaliação são montados como carteiras de projetos. No Alto Maipo, cujo diagnóstico dos impactos de projetos passados e atuais sobre o componente recursos hídricos foi sintetizado na Tab. 5.1, os impactos da captação e derivação de água para turbinagem nas duas centrais hidrelétricas sobre as vazões dos rios foram previstos em diferentes pontos da rede hidrográfica (Tab. 6.1).

Entretanto, é fundamental que todo indicador represente de maneira adequada o impacto sobre o componente de interesse. Uma das preocupações da comunidade em relação ao Projeto Hidrelétrico Alto Maipo foi o impacto sobre atividades recreativas (Folchi; Godoy, 2016). Com a redução da vazão dos rios, a pesca, o *rafting* e outras formas de recreação aquática poderiam ser afetados. A vazão média anual, embora seja um indicador usual em estudos hidrológicos, não foi suficiente para propiciar conclusões sobre possível prejuízo a atividades recreativas. Diante da reclamação de grupos locais a um banco financiador do projeto, mais estudos foram conduzidos, dessa vez especificamente acerca dos impactos sobre atividades recreativas. Estudos sobre vazões mínimas já haviam sido preparados como parte do EIA, para determinar a chamada vazão ecológica, isto é, a vazão capaz de garantir a manutenção da vida aquática e dos processos ecológicos. Tópico usual em avaliação de impacto ambiental de projetos de barragens, a garantia de manutenção da vazão ecológica foi transformada em condicionante da licença do projeto. No entanto, essa condição não

TAB. 6.1 Efeitos do Projeto Hidrelétrico Alto Maipo (PHAM) sobre as vazões dos rios

Ponto de controle		Vazão média anual (m³/s)				Efeito adicional do projeto
Código	Localização	1917	1965	Atual[(1)]	Futura com o projeto	
I	Rio Maipo a montante do rio Volcán, afetado por outro projeto hidrelétrico do passado (Queltehues), fora da área de influência do PHAM	40,9	24,4	24,4	24,4	0%
II	Rio Maipo a montante da confluência com o rio Volcán, fora da área de influência do PHAM (Fig. 5.5)	43,8	51,8	51,8	50,6	+18%
III	Rio Volcán a montante da confluência com o rio Maipo (Fig. 5.5), afetado pela central hidrelétrica Volcán, por captação de água para irrigação; será afetado pelo PHAM	16,5	8,5	8,5	5,1	−21%
IV	Rio El Yeso a montante da confluência com o rio Maipo, afetado pela represa de captação de água para abastecimento público e para irrigação; será afetado pelo PHAM	13,0	11,1	10,8	4,0	−52%
V	Rio Maipo a jusante da captação da central Guayacán e de vários projetos (Fig. 5.4)	87,2	85,2	63,7	54,6	−10%
VI	Rio Colorado a jusante das captações para duas centrais hidrelétricas (Alfalfal I e Maitenes)	27,5	17,3	10,8	5,6	−19%
VII	Rio Colorado a montante da confluência com o rio Maipo	32,4	32,1	32,1	12,2	−61%
VIII	Rio Maipo a jusante da confluência com o rio Colorado	119,6	117,3	117,5	82,6	−29%

[(1)] Corresponde a 2012, momento de realização do estudo.
Fonte: adaptado de Daes Consultores (2013, p. 61).

necessariamente garantiria que as atividades recreativas pudessem continuar sem perturbação.

O estudo adicional, concluído em 2020, considerou apenas *rafting*, atividade realizada comercialmente em um trecho do rio Maipo (Fig. 5.4) por mais de 30 mil pessoas em 2017. No caso, um parâmetro importante para os operadores foi a profundidade do rio. Para realizar o estudo, foi desenvolvida uma "curva de preferência" dos usuários, aplicando ferramentas estatísticas que indicaram maior frequência nos meses de verão, estação que apresenta as maiores vazões (Fig. 6.7), embora também haja atividades no inverno.

Indicadores são úteis em toda avaliação de impactos. Em uma AIC, a escolha ou o desenvolvimento de indicadores apropriados deve, idealmente, ser pensada desde a definição do escopo (Fig. 3.2). Estudos retrospectivos e a literatura podem ajudar na escolha de indicadores para uma avaliação prospectiva, como foi o caso de uma pesquisa realizada na bacia do rio Nu, na província de Yunnan, sudoeste da China.

Essa pesquisa, realizada por Kibler e Tullos (2013), reuniu diversos indicadores de impactos cumulativos de barragens. A bacia do rio Nu é de alta importância para a biodiversidade, abriga um sítio do patrimônio mundial e

Fig. 6.7 *Uma das estações de medição de vazão no rio Maipo, em operação desde 1950, localizada nas proximidades do início do trecho utilizado para* rafting

conta 32 espécies endêmicas de peixes, sem dúvida um componente relevante para estudos sobre impactos cumulativos de barragens. Os autores estudaram 31 pequenas barragens em operação nos tributários e os projetos de quatro grandes barragens propostas para o próprio rio Nu, a maior delas com 300 m de altura e 4.200 MW de potência instalada. A amostra de PCHs utilizada na pesquisa continha empreendimentos de potência entre 2,6 MW e 49 MW – na China, são consideradas pequenas centrais aquelas de até 50 MW, ao passo que no Brasil o limite é de 30 MW, nos Estados Unidos é de 25 MW, e em vários países da Europa é de 10 MW. As pequenas barragens tinham altura entre 4 m e 19 m e foram construídas em rios de vazão média entre menos de 1 m³/s e cerca de 15 m³/s. Os autores coletaram informações sobre 14 indicadores de impacto (Quadro 6.6), obtidas de estudos de impacto ambiental e estudos para certificação de projetos perante o Mecanismo de Desenvolvimento Limpo, um procedimento estabelecido no âmbito da Convenção-Quadro das Nações Unidas sobre Mudanças Climáticas durante a Conferência das Partes de Kyoto, no Japão.

Os resultados contrastaram os impactos das pequenas com as grandes hidrelétricas. Dos 14 indicadores, nove mostraram que os impactos das PCHs são maiores que os de grandes hidrelétricas, ao passo que cinco apontaram

Quadro 6.6 Indicadores de impactos biofísicos de hidrelétricas na bacia do rio Nu, na China

Componente/indicador	Descrição	Unidade
Hábitats		
Área inundada	Ambientes terrestres e ripários inundados	km²
Extensão de rio inundado ou com vazão reduzida	Comprimento do talvegue, extensão de hábitat aquático inundado ou com vazão alterada	km
Diversidade de ambientes ripários e terrestres	Diversidade (número) de ambientes/unidades de paisagem inundados ou alterados	número
Conectividade		
Em escala de bacia	Percentagem da área da bacia contribuinte da barragem	%
Em escala de sub-bacia	Percentagem da área da sub-bacia contribuinte da barragem	%

Quadro 6.6 (continuação)

Componente/indicador	Descrição	Unidade
Áreas prioritárias para conservação		
Efeitos diretos sobre áreas prioritárias[1]	Extensão de áreas prioritárias inundadas ou com vazão alterada	km²
Efeitos indiretos sobre áreas prioritárias[2]	Proximidade de áreas prioritárias do local do projeto[3]	índice de proximidade
Estabilidade geotécnica		
Risco de escorregamento	Áreas de alto ou severo risco de escorregamento	km²
Potencial sísmico	Índice composto por profundidade e volume do reservatório e proximidade a falhas geológicas ativas	índice sísmico
Regimes hídrico e sedimentológico		
Potencial de modificação de vazão	Percentagem da precipitação anual armazenada no reservatório ou desviada do rio	%
Potencial de modificação do transporte de sedimentos	Retenção de sedimentos no reservatório[4]	%
Qualidade da água		
Severidade do desaguamento do canal (espacial)	Comprimento de talvegue com vazão reduzida	km
Severidade do desaguamento do canal (temporal)	Percentagem do tempo com vazão reduzida no curso d'água	% tempo
Mudança do tempo de residência	Relação entre o tempo de residência da água antes e depois da construção da barragem	% mudança

[1] Abrange diversas designações, como hotspots, key biodiversity areas, sítio do patrimônio mundial.
[2] Mudanças de cobertura da terra nas proximidades de uma barragem ou reservatório.
[3] O índice de proximidade P é calculado como $P = \sum_{i=1}^{n} 1/d_i$, em que d_i é a distância mínima (km) entre a barragem/reservatório e a i-ésima área prioritária.
[4] A eficiência na retenção de sedimentos é dada por $1 - (0,05/(\Delta_{TR})^{0,5})$, em que Δ_{TR} é a diferença no tempo de residência da água no reservatório se comparado ao seu tempo no rio em fluxo livre.
Fonte: Kibler e Tullos (2013).

o inverso. Os autores reportaram os resultados em faixas de variação como forma de reconhecer incerteza. A área inundada por PCHs foi bem menor, entre 0,016 e 0,029 hectares por megawatt comparada com 0,35 a 0,85 para grandes barragens, ou seja, um fator de 21 a 29 vezes. Inversamente, a extensão de rio afetada foi em média 40 vezes maior para PCHs: 430 metros por megawatt contra 10 metros por megawatt (Tab. 6.2). Observou-se que as pequenas barragens afetam maior diversidade de ambientes ripários, possivelmente porque elas são posicionadas em porções mais elevadas das bacias hidrográficas.

A obtenção de indicadores para conjuntos de projetos é dificultada pela ausência de padronização no fornecimento de informação aos órgãos públicos por parte das empresas, muitas vezes porque os próprios órgãos públicos não determinam formatos padronizados para apresentação de dados sobre projetos, como constatado por Neri, Dupin e Sánchez (2016) em Minas Gerais.

No mencionado estudo de Neri *et al.* (2021) sobre descaracterização de barragens, a magnitude dos impactos sobre a vegetação nativa foi descrita na forma de um índice que considera a taxa de perda de vegetação observada em cada um dos setores de estudo. Setores correspondem a áreas de estudo por grupo de barragens, uma vez que elas têm distribuição disjunta no Estado de Minas Gerais. Considerar o valor absoluto de perda de vegetação teria pouca utilidade, visto que os setores têm áreas diferentes e, em paisagens dinâmicas, sempre há perdas e ganhos de cobertura vegetal, impulsionados por diversos indutores de mudança.

A área de supressão foi comparada com a taxa de perda de vegetação nativa (medida em hectares/km^2) observada em cada setor no período 2010-2019 (Tab. 6.3) para a obtenção de um índice de impacto. Não se pode comparar a perda decorrente das obras com a área de vegetação remanescente, porque os setores têm áreas diferentes e foram delimitados para atender a critérios de extensão da zona de autossalvamento (conforme nota explicativa do Quadro 6.4), vias de acesso e proximidade entre as barragens. A taxa de perda de vegetação nativa ou de conversão de cobertura da terra de cada setor exprime a pressão de diferentes fontes que resulta na conversão de áreas cobertas de vegetação nativa em áreas para outros usos. Na área de estudo, a taxa de perda variou de 3,0 a 7,0 hectares/km^2 no período de análise (Tab. 6.3).

O índice de impacto (última coluna da Tab. 6.3), resultante da divisão da área a ser suprimida para as obras de descaracterização pela taxa de perda ob-

TAB. 6.2 Comparação entre indicadores de impactos biofísicos de grandes e pequenas hidrelétricas na bacia do rio Nu, na China

Componente/indicador	Indicadores de impacto								Unidade do indicador ponderado
	Pequenas barragens				Grandes barragens				
	Mínimo		Máximo		Mínimo		Máximo		
	Abs.[1]	Pond.[2]	Abs.	Pond.	Abs.	Pond.	Abs.	Pond.	
Hábitats									
Área inundada	0,0034	0,0016	0,006	0,00029	11	0,0035	26	0,0085	km²/MW
Extensão de rio inundado ou com vazão reduzida	–	–	6,9	0,43	71	0,025	30	0,01	km/MW
Diversidade de ambientes ripários e terrestres	–	–	2,9	0,25	3,3	0,0013	4,5	0,0018	número/MW
Conectividade									
Em escala de bacia	–	–	0,03	0,0019	–	–	35	0,015	%/MW
Em escala de sub-bacia	–	–	73	7,4	35	0,015	%/MW
Áreas prioritárias para conservação									
Efeitos diretos sobre áreas prioritárias	–	–	0,4	0,021	10,9	0,0035	30,6	0,0096	km²/MW
Efeitos indiretos sobre áreas prioritárias	–	–	3,9	0,4	3,0	0,076	0,0015	0,0012	índice de proximidade
Estabilidade geotécnica									
Risco de escorregamento	–	–	0,076	0,0051	0,23	0,0029	8,6	0,0078	km²/MW
Potencial sísmico			7×10^{-8}	$5,6 \times 10^{-9}$	0,07	$1,8 \times 10^{-5}$	0,29	8×10^{-5}	índice sísmico/MW

TAB. 6.2 (continuação)

Componente/indicador	Indicadores de impacto									Unidade do indicador ponderado
	Pequenas barragens				Grandes barragens				
	Mínimo		Máximo		Mínimo		Máximo		
	Abs.(1)	Pond.(2)	Abs.	Pond.	Abs.	Pond.	Abs.	Pond.	
Regimes hídrico e sedimentológico										
Potencial de modificação de vazão	–	–	75	8,3	1	0,00032	5	0,0013	%
Potencial de modificação do transporte de sedimentos	0	0	0	0	26	8×10^{-5}	63	0,0003	%
Qualidade da água										
Severidade do desaguamento do canal (espacial)	–	–	4,8	0,42	0	0	0	0	km/MW
Severidade do desaguamento do canal (temporal)	69	6,3	83	7,7	0	0	0	0	% tempo/MW
Mudança do tempo de residência	560	37	860	61	8.600	3,3	22.000	8,8	% mudança/MW

Nota: esta tabela deve ser lida em conjunto com o Quadro 6.6.
(1) Valor absoluto.
(2) Valor ponderado por megawatt de potência instalada.
Fonte: preparado a partir de dados de Kibler e Tullos (2013).

TAB. 6.3 Cálculo de índice de impacto sobre vegetação nativa

Setor	Área do setor (km²)	Perda de vegetação nativa entre 2010 e 2019 decorrente de todas as mudanças de uso de solo (ha)	Taxa de perda de vegetação nativa entre 2010 e 2019 decorrente de todas as mudanças de uso de solo (ha/km²)[1]	Perda de vegetação de porte arbóreo devida às obras de descaracterização (ha)[2]	Relação entre a supressão de vegetação nativa causada pelas obras de descaracterização e a taxa de perda de vegetação (km⁻²)
	[A]	[B]	[C] = [B]/[A]	[D]	[E] = [D]/[C]
I	312,25	928,24	3,0	23,0	7,73
II	597,84	3.266,43	5,5	2,5	0,46
III	248,88	1.632,01	6,6	28,7	4,38
IV	1.219,81	5.040,21	4,1	87,4	21,16
V	579,10	2.228,51	3,8	0,6	0,15
VI	463,15	3.242,65	7,0	5,1	0,72
VII	661,32	3.525,76	5,3	1,2	0,22
VIII	1.192,89	7.602,37	6,4	53,7	8,43
IX	576,37	1.713,61	3,0	0	0
X	346,76	1.294,49	3,7	8,3	2,22
XI	125,57	732,77	5,8	0,8	0,14
XII	553,57	3.298,22	6,0	9,2	1,55

[1] Classes de uso e cobertura da terra consideradas: culturas perenes, floresta plantada, formação campestre, formação florestal, formação savânica, infraestrutura urbana, mosaico de culturas, mosaico de agricultura e pastagem, outra área não vegetada, pastagem, rio e lago (MapBiomas, 2010-2019).
[2] Estimada para a realização do estudo de avaliação de impacto cumulativo por meio de sobreposição de informações do projeto a mapas de cobertura da terra, uma vez que tal informação não estava disponível nos documentos dos projetos.
Fonte: Neri et al. (2021).

servada nos dez anos entre 2010 e 2019, variou entre zero e 21,16 km⁻². Quanto mais alto o índice, maior a magnitude do impacto da supressão para as obras de descaracterização. Entretanto, em valor absoluto, a supressão associada às

Quadro 6.7 (continuação)

Componente selecionado	Impactos cumulativos	Impacto para a sustentabilidade ou viabilidade do componente
Hábitats naturais	Grande proporção da área afetada pelo projeto é de hábitat natural. Cerca de 800 ha serão destruídos ou radicalmente modificados durante a vida útil da mina e outros 355 ha poderão ser perturbados devido à deposição de poeira ou eutrofização. A sub-representação dos prados montanos e das estepes montanas no Sistema Nacional de Áreas Protegidas e o declínio do manejo tradicional, necessário para a manutenção desses hábitats, acrescentam pressão à sua conservação. Os impactos de outras atividades previsíveis são menos claros. A expansão do turismo na área próxima ao projeto pode afetar os hábitats naturais de maneira adversa ao expô-los a maiores quantidades de visitantes. Tal expansão também pode ser acompanhada pela ampliação da rede de rodovias e de trilhas, aumentando a acessibilidade a áreas previamente remotas. Até que o alinhamento do planejado corredor rodoviário Norte-Sul seja definido, não se sabe se ele causará impactos sobre hábitats naturais. A criação proposta do Parque Nacional Jermuk impactaria positivamente os hábitats naturais ao aumentar o nível de proteção de algumas de suas áreas.	Moderado
Coletores de plantas	O projeto restringirá acesso a cerca de 1.765 ha potencialmente utilizados para coleta de plantas. Cerca de dois terços da área serão recuperados ao longo do tempo, mas considera-se improvável que as ervas e frutas coletadas venham a repovoar a área recuperada antes de vários anos. Embora o projeto restrinja o acesso a uma grande área, a consulta às comunidades afetadas sugere que há outras áreas dentro das terras comunais que podem ser usadas para coleta. Por outro lado, a tendência à urbanização, especialmente se associada ao aumento da renda na área do projeto, pode reduzir o interesse pela prática de coleta, que é considerada tradicional.	Impacto mínimo a baixo, devido à alta resiliência desse componente

QUADRO **6.7** (continuação)

Componente selecionado	Impactos cumulativos	Impacto para a sustentabilidade ou viabilidade do componente
Pastores cotidianos	Há uma antiga tradição de transumância e um complexo sistema de alocação de terras para pastoreio estival. O projeto provavelmente afetará as práticas cotidianas em Gndevaz, obrigando os pastores a mudar de local ou de rota para acessar os pastos. Essa prática também é afetada pela tendência de urbanização, pela perda de interesse das gerações mais jovens em continuar estilos de vida agrários e pela crescente prevalência da economia de mercado impulsionada pelo desenvolvimento do projeto.	Impacto de moderado a alto é esperado
Pastores sazonais	Embora o projeto tenha sido planejado para minimizar impactos sobre as atividades de pastoreio, haverá restrição de acesso a cerca de 1.608 ha. Pastores sazonais têm certa flexibilidade de resposta a esses impactos, podendo decidir levar seu gado a outros locais ou modificar o uso dos pastos na área do projeto. Não é claro se a tendência à urbanização afetará o número de pastores sazonais ao longo do tempo. O pastoreio sazonal é uma importante tradição cultural para essas comunidades e sua redução seria importante para elas.	Impacto baixo é esperado

Nota: quadro exemplificativo contendo apenas alguns componentes, com o conteúdo editado para facilitar a compreensão.
Fonte: adaptado de Lydian International (2016).

Também existem formas quali-quantitativas de determinação de significância, como no exemplo mostrado na Tab. 6.5, extraída do estudo dos projetos de descaracterização de barragens de rejeitos (Neri et al., 2021), no qual indicadores quantitativos de pressão foram agrupados em classes de magnitude para posterior determinação de significância. Nesse estudo, os impactos sobre as comunidades resultaram, em parte, do aumento do trânsito de caminhões em vias públicas, por sua vez decorrente da demanda de equipamentos e materiais para a execução simultânea das obras de descaraterização, particularmente de brita (Figs. 6.3 e 6.4), um material natural de construção utilizado em grande quantidade.

Em geral, os impactos sobre as comunidades próximas às barragens podem ocorrer a partir de diversas fontes, como tráfego de veículos, presença de trabalhadores, emissão de ruídos, poeira, emissões luminosas e outras formas de poluição típicas de obras, e também devido aos próprios perigos da presença de barragens nas proximidades de áreas habitadas, obrigando, por força legal, a realização de exercícios simulados de evacuação e, nos casos de níveis altos de risco, a evacuação obrigatória das zonas situadas imediatamente a jusante das barragens, denominadas zonas de autossalvamento. Nesses casos, como combinar os efeitos de múltiplas causas em um ou poucos indicadores?

Em cada avaliação é preciso encontrar uma solução apropriada. No estudo sobre a descaracterização de barragens, uma vez mapeadas as relações de causalidade, as fontes de impactos foram divididas em três grupos (Fig. 6.5): (i) fontes sob controle das empresas, (ii) fontes sob influência das empresas e (iii) outras fontes sem influência das empresas. A demanda por materiais de construção (Tab. 6.5) se enquadra no primeiro grupo e foi escolhida para representar

Tab. 6.5 Classes de magnitude dos impactos sobre as comunidades decorrentes de fontes de pressão diretamente ligadas às obras de descaracterização de barragens de rejeitos de mineração

Pontuação dos parâmetros para avaliação			Magnitude
Demanda por materiais naturais de construção	Demanda por mão de obra	Duração das obras de descaracterização	
< 500.000 m³ = 1 500.000 m³ a 2 Mm³ = 2 > 2 Mm³ = 3	< 250 = 1 250 a 500 = 2 > 500 = 3	< 2 anos = 1 2 a 4 anos = 2 > 4 anos = 3	3 ou 4 = baixa 5 ou 6 = média 7 ou 8 = alta 9 = muito alta

Notas:
• O valor de magnitude corresponde à soma dos pontos.
• A avaliação foi feita por setores, que correspondem a áreas de estudo por grupo de barragens. As faixas de volume foram escolhidas para diferenciar as demandas médias em cada setor.
Fonte: Neri et al. (2021).

o volume de tráfego em vias públicas e nas comunidades próximas às vias de acesso. É um indicador da pressão decorrente do tipo de projeto motivador da AIC, a descaracterização de barragens de rejeitos.

As mesmas comunidades são afetadas cumulativamente pelo conjunto de fontes mostrado na Fig. 6.5. Dentro desse conjunto, algumas fontes estão sob controle das empresas, outras podem estar sob sua influência e outras, por fim, podem ser totalmente independentes das ações da empresa, como a execução de outras obras por terceiros. Para estruturar e ao mesmo tempo simplificar a determinação da magnitude dos impactos cumulativos, foram escolhidos quatro parâmetros como representantes dessas outras atividades. Um deles foi o nível de emergência de cada barragem, uma vez que algumas barragens a serem descaracterizadas haviam sido avaliadas como instáveis (Fig. 6.8). Outro parâmetro foi a necessidade de remoção mandatória de pessoas, indispensável nos casos em que o nível de emergência é 2 ou 3 na escala de três níveis estabelecida pela legislação. A presença de população na zona de autossalvamento,

Fig. 6.8 *Para descaracterizar uma barragem classificada no mais elevado nível de risco, diversas medidas de segurança dos trabalhadores são necessárias, como a escavação de rejeitos por equipamentos operados por controle remoto e o corte da vegetação nos taludes por trabalhador transportado e suspenso por um cabo ligado a um helicóptero, mostrado nesta figura*

que não precisa ser deslocada involuntariamente, mas está em zona de risco e sujeita à realização de exercícios simulados de emergência, foi o terceiro parâmetro (Fig. 6.9). Finalmente, a existência de outras obras, como a ampliação de estruturas das minas, ou de obras totalmente desvinculadas da atividade de mineração, como as de construção civil, foi o quarto parâmetro, uma vez que grandes obras atraem mão de obra, aumentam o volume de tráfego e a demanda por serviços locais. Uma escala qualitativa binária foi construída para cada um desses quatro parâmetros, que foram combinados mediante soma simples para compor um índice de magnitude, posteriormente utilizado para determinação da significância (Tab. 6.6)

Fig. 6.9 *Zona a jusante de uma barragem de rejeitos em Minas Gerais*

Por fim, os impactos diretamente decorrentes das obras de descaracterização (impactos 14 a 20 do Quadro 6.4) foram combinados com os impactos decorrentes de outras fontes, conforme a chave apresentada no Quadro 6.8.

A previsão de impactos, seja quantitativa ou não, deve ser feita de maneira diferencial para cada cenário de avaliação considerado. No estudo sobre os impactos do desenvolvimento hidrelétrico na bacia do Trishuli, no Nepal, foram

Tab. 6.6 Classes de magnitude dos impactos sobre as comunidades decorrentes de fontes de pressão sob controle, com influência ou sem influência das empresas de mineração

Pontuação dos parâmetros para avaliação				Magnitude
Nível de emergência	Necessidade de remoção de pessoas	Presença de população na ZAS[(1)]	Outras obras de médio ou grande porte	
Não 0 / Sim 1	Não 0 / Sim 1	Não 0 / Sim 1	Não 0 / Sim 1	0 ou 1 = baixa / 2 = média / 3 = alta / 4 = muito alta

[(1)] Zona de autossalvamento.
Nota: o valor de magnitude corresponde à soma dos pontos.
Fonte: Neri et al. (2021).

Quadro 6.8 Magnitude dos impactos cumulativos sobre comunidades

Classe de magnitude dos impactos decorrentes de outras fontes de pressão sob controle, com influência ou sem influência das empresas de mineração	Classe de magnitude dos impactos decorrentes de fontes de pressão diretamente ligadas às obras de descaracterização			
	Baixa	Média	Alta	Muito alta
Baixa	Baixa	Média	Alta	Muito alta
Média	Média	Média	Alta	Muito alta
Alta	Alta	Alta	Muito alta	Muito alta
Muito alta	Muito alta	Muito alta	Muito alta	Muito alta

Fonte: Neri et al. (2021).

considerados três cenários (IFC, 2020, p. 246): (i) operação dos empreendimentos em construção no momento da avaliação, juntamente com os empreendimentos em funcionamento, construídos no passado; (ii) empreendimentos em operação, sete projetos em construção e um projeto autorizado; e (iii) todos os empreendimentos e projetos anteriores, acrescidos de 11 projetos atualmente planejados. O prognóstico da situação futura dos hábitats aquáticos do rio Trishuli e afluentes para cada cenário foi apresentado na forma de classes de qualidade, facilitando a visualização das mudanças (Quadro 6.9). Note-se a progressiva deterioração da qualidade dos ambientes aquáticos conforme o desenvolvimento hidrelétrico se torna mais intenso.

Quadro 6.9 **Integridade dos ecossistemas aquáticos sob diferentes cenários de avaliação de projetos hidrelétricos na bacia do rio Trishuli, no Nepal**

Ponto de referência	Situação atual e cenários de avaliação			
	Situação atual	Projetos em construção	Projetos em construção e aprovados	Desenvolvimento total
1	B	B/C	C/D	D
2	B	B/C	E	E
3	C	C/D	D	E
4	C	C	C	D
5	C	C	C	D
6	C/D	C/D	C/D	D
7	B	B	B	C

Nota: ver Quadro 5.2 para explanação sobre o índice de integridade ecológica. A = hábitat não modificado, B = ligeiramente modificado, C = moderadamente modificado, D = amplamente modificado, E = seriamente modificado.
Fonte: adaptado de IFC (2020, p. 246).

Observa-se ainda que o prognóstico varia segundo o trecho de rio considerado. É importante que toda previsão de impactos, cumulativos ou não, seja espacializada, ou seja, mostre onde ocorrerão os impactos. A Tab. 6.1 também apresenta previsões por trecho de rio.

Uma síntese de prognóstico quali-quantitativo de impactos é mostrada no Quadro 6.10, preparado para uma AIC em uma região de mineração na qual um grande projeto havia sido instalado e outros eram esperados. Dois cenários foram montados, na forma de carteiras de projetos. A situação atual (diagnóstico) representa a referência com o primeiro projeto já implantado e os cenários descrevem diferentes configurações de novos projetos e de expansão do pro-

Quadro 6.10 Síntese da situação atual e futura dos componentes ambientais selecionados em uma avaliação de impactos cumulativos de projetos de mineração e de instalações associadas

Componente	Subcomponente	Situação atual 1	2	3	4	5	Cenário I 1	2	3	4	5	Cenário II 1	2	3	4	5
Formações vegetais nativas	Formações florestais			▓					√						√	
	Campos rupestres		▓							√√√						√√√
Patrimônio cultural e natural	Patrimônio arqueológico						√√					√√				
	Patrimônio histórico			▓					√					√		
	Patrimônio imaterial		▓						√							
	Cavernas								√√						√√	
	Paisagens								√						√	
Recursos hídricos	Águas superficiais								√√						√	
	Águas subterrâneas								√					√		
Ictiofauna	Espécies endêmicas					■					√√					√√

Estado de conservação do componente	Grau de confiança no prognóstico
1 – Bom estado de conservação observado ou prognosticado	√ – Baixo grau de confiança no prognóstico da situação futura
3 – Degradação documentada ou prognosticada	√√ – Médio grau de confiança no prognóstico da situação futura
5 – Estado avançado de degradação documentado ou prognosticado	√√√ – Alto grau de confiança no prognóstico da situação futura

As classificações intermediárias (2 e 4) são usadas para melhor enquadrar a avaliação da situação atual ou futura do componente. Justificativa resumida para o enquadramento de cada subcomponente:
Formações vegetais nativas:
Formações florestais – Situação atual: fragmentação das formações florestais, efeito de borda, redução da diversidade de espécies, degradação intensa da vegetação ciliar devida a supressão e pisoteio de gado. Cenário I: considerando a implementação eficaz de estratégias regionais de compensação. Cenário II: também considerando o sucesso da compensação.

Quadro 6.10 (continuação)

Campos rupestres – Situação atual: ambiente alterado, mas com poucas áreas suprimidas, uma vez que são pouco propícias para agricultura e criação de animais; alteração devida à coleta de espécimes vegetais, invasão de gado. Cenário I: perda de até 38%. Cenário II: perda superior a 80% dos campos rupestres ferruginosos. A possibilidade de restauração ecológica desses ambientes não é conhecida.

Patrimônio cultural e natural:

Patrimônio arqueológico – Situação atual: vem sendo estudado mediante planos e programas aprovados pelos órgãos competentes, incluindo resgate, registro, publicação de resultados e educação patrimonial. Prognóstico: para ambos os cenários, descoberta e resgate de novos sítios.

Patrimônio histórico – Situação atual: parte do patrimônio arquitetônico degradado por causa de ações insuficientes de conservação, alguns bens restaurados devido à ação conjunta da comunidade, órgãos públicos e empresas. Degradação observada do patrimônio histórico e ações recentes de restauração de alguns bens culturais.

Patrimônio imaterial – Situação atual: a região ainda mantém celebrações tradicionais. Prognóstico: para ambos os cenários, progressiva migração de populações rurais para áreas urbanas, acelerada pela implantação dos projetos, porém enquadrada por processos mais gerais ocorrendo em todo o País, crescente registro museológico e documental do patrimônio imaterial.

Cavernas e paisagens – Situação atual: baixo grau de alteração até a implantação do projeto recente. Prognóstico: cavernas suprimidas pelo avanço da mineração, com perda proporcional às áreas de lavra, portanto maior para o cenário II; conservação de cavidades-testemunho e aumento do conhecimento sobre o patrimônio espeleológico; perfil da serra já alterado, demais áreas de mineração passarão por modificação similar.

Recursos hídricos:

Águas superficiais – Situação atual: diminuição de vazão do rio devida à captação para o projeto recente, aumento da carga de sedimentos dos córregos durante a implantação do projeto recente. Prognóstico: aumento da degradação devido à maior carga de sedimentos (principalmente durante etapas de implantação e ampliação dos novos projetos), ao incremento da carga orgânica oriunda de esgotos e à redução da vazão por causa da captação para os novos projetos.

Águas subterrâneas – Situação atual: baixa captação, com as áreas de recarga situadas nas porções de maior altitude, onde há menor interferência antrópica; não há fontes significativas de poluição. Prognóstico: redução da recarga do aquífero devida às cavas de mineração e redução de vazão; perda ou reposicionamento de nascentes por causa do rebaixamento do nível da água subterrânea.

Ictiofauna:

Espécies endêmicas – Situação atual: mau estado de conservação das matas ciliares, assoreamento dos corpos d'água, introdução de espécies exóticas. Prognóstico: alto grau de incerteza sobre a situação futura, que depende do sucesso das medidas de recuperação, as quais, por sua vez, podem ser afetadas por inúmeros fatores que não estão sob controle das empresas de mineração e sobre os quais elas têm pouca influência. As causas da degradação são difusas e incluem a degradação da vegetação ciliar e a presença de espécies exóticas.

jeto pioneiro. Previsões quantitativas foram feitas para perda de vegetação. Esse componente foi subdividido em dois: as formações florestais, que na área de estudo são representadas principalmente por florestas semideciduais, e os campos rupestres (Fig. 6.10), que são formações particularmente importantes por ocuparem pequena área e terem alto endemismo, ou seja, grande número de espécies que somente ocorrem nesse ambiente.

Nessa avaliação, também foi estimada qualitativamente a contribuição relativa dos projetos considerados em cada cenário para os impactos sobre cada um dos componentes selecionados, em relação a outros indutores de mudança (Quadro 6.11).

Fig. 6.10 *Campo rupestre, um tipo de vegetação predominantemente herbáceo e arbustivo que ocorre em altas altitudes em alguns lugares no Brasil*

6.4 Determinação da significância de impactos

Em primeira análise, a regra básica para determinar a significância de impactos é também válida para impactos cumulativos. São significativos os impactos "fortes", isto é, de grande magnitude, que afetem recursos ou componentes considerados importantes no contexto de análise. Trata-se de cotejar alguma medida da magnitude do impacto, como sua intensidade, com alguma qualificação da importância ou da vulnerabilidade ou sensibilidade do componente

Quadro 6.11 Estimativa da contribuição relativa de projetos de mineração e de outros indutores de mudança para a situação futura dos componentes ambientais selecionados

Componente	Subcomponente	Cenário I			Cenário II		
		Influência direta dos projetos	Influência indireta dos projetos	Influência de outras fontes ou processos	Influência direta dos projetos	Influência indireta dos projetos	Influência de outras fontes ou processos
Formações vegetais nativas	Formações florestais	--	-/+	--	--	-/+	--
	Campos rupestres	--	++	--	--	++	--
Patrimônio cultural e natural	Patrimônio arqueológico	-/+	-/+	-/+	-/+	-/+	-/+
	Patrimônio histórico	-/+	-/+	-/+	-/+	-/+	-/+
	Patrimônio imaterial	--	--	-/+	--	--	-/+
	Cavernas	--	--	-/+	--	--	-/+
	Paisagens	--	--	--	--	--	--
Recursos hídricos	Águas superficiais	--	--	--	--	--	--
	Águas subterrâneas	--	--	--	--	--	--

Análise de impactos cumulativos | 173

QUADRO 6.11 (continuação)

Componente	Subcomponente	Cenário I			Cenário II		
		Influência direta dos projetos	Influência indireta dos projetos	Influência de outras fontes ou processos	Influência direta dos projetos	Influência indireta dos projetos	Influência de outras fontes ou processos
Ictiofauna	Espécies endêmicas	--	--	--	--	--	--
Comunidades	Comunidades rurais	--	--	-/+	--	--	-/+
	Comunidades urbanas	-/+	-/+	-/+	-/+	-/+	-/+

Cenário I	Nível de Influência	Cenário II
	Alto	
	Médio	
	Pequeno ou desprezível	

Notas: (1) A influência pode ser positiva (++) ou negativa (--). Em certos casos, pode ter conotação tanto negativa como positiva (-/+), como é o caso do patrimônio arqueológico que, destruído para implantação ou operação dos empreendimentos, resulta em aumento do conhecimento sobre as civilizações do passado. (2) O caráter positivo ou negativo é o mesmo para ambos os cenários, podendo variar a intensidade.

Formações vegetais nativas:
Formações florestais – Perdas diretas e indiretas relacionadas à supressão. Possíveis ganhos devido aos programas de compensação.
Campos rupestres – Perdas diretas relacionadas à supressão. Indiretamente os projetos podem contribuir para maior conhecimento desses ambientes e para desenvolver técnicas de restauração.

QUADRO 6.11 (continuação)

Patrimônio cultural e natural:
Patrimônio arqueológico – Perda de sítios e ganhos de conhecimento e educação patrimonial.
Patrimônio histórico – Pressão sobre bens culturais devido ao crescimento das áreas urbanas. Maior acesso a recursos financeiros para restauração e conservação.
Patrimônio imaterial – Processos de mudança acelerados pelo aumento do número de forasteiros. Perda de pontos de encontro e produção de cultura popular nas comunidades rurais.
Cavernas – A mineração é diretamente responsável pela supressão de cavernas, que também podem ser afetadas negativamente por outras fontes, como o incremento do turismo. Programas compensatórios podem favorecer a conservação de sítios naturais que, sem eles, teriam menor grau de proteção.
Paisagens – A mineração é diretamente responsável pela alteração do perfil das serras, que também podem ser afetadas em pequena proporção por outras fontes.

Recursos hídricos:
Águas superficiais – A captação de água para atender às necessidades dos projetos é a principal pressão. Outras fontes contribuem com aumento da carga poluidora.
Águas subterrâneas – Influência principalmente devido ao rebaixamento do nível da água subterrânea devido à abertura das cavas e bombeamento.

Ictiofauna:
Espécies endêmicas – A principal influência sobre o hábitat decorre de assoreamento e perda de vegetação ciliar. Um dos projetos afeta área prioritária para conservação. Dispersão de espécies exóticas é ameaça importante.

Comunidades:
Comunidades rurais – São afetadas direta e indiretamente pelos empreendimentos, devido à proximidade e deslocamento involuntário e mudanças nas relações sociais.
Comunidades urbanas – Crescimento populacional e de áreas urbanas, com distribuição desigual dos benefícios e dos ônus. Maior oferta e demanda de serviços públicos e privados.

às pressões causadas pelo projeto ou conjunto de projetos e demais ações em análise (Fig. 6.11).

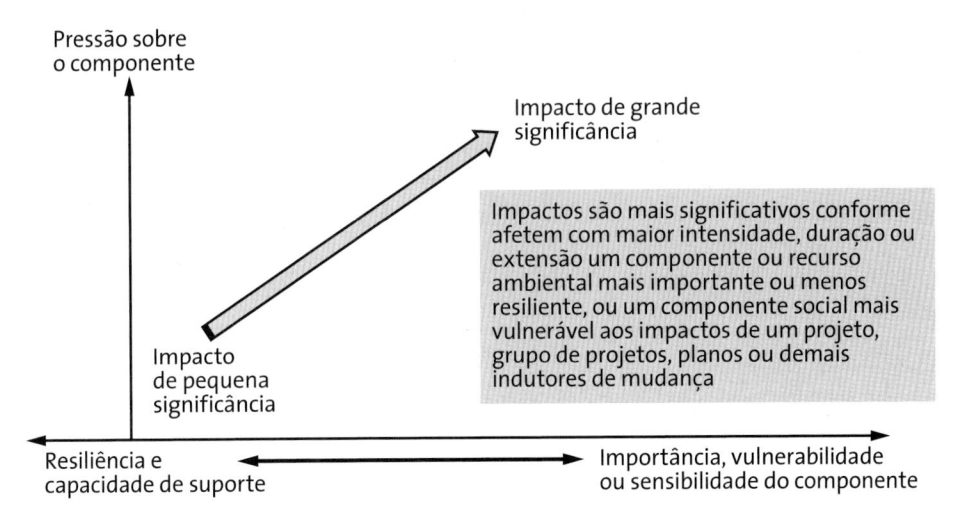

Fig. 6.11 *Relação básica da significância de impactos ambientais e sociais*

Esse tipo de relação entre magnitude do impacto e importância ou vulnerabilidade do receptor é comumente encontrado em estudos de impacto ambiental e é exemplificado pelo já citado projeto de mineração de ouro Amulsar. Nesse projeto, a significância dos impactos cumulativos foi avaliada cotejando-se a sua magnitude com a sensibilidade de cada componente (Quadro 6.12). A magnitude foi descrita para cada impacto em uma escala de quatro níveis – como visto na seção 6.3, nos casos em que a magnitude pode ser determinada quantitativamente, convém transformar os valores absolutos previstos em

QUADRO 6.12 **Matriz de significância de impactos**

Sensibilidade do receptor (componente)	Classes de magnitude do impacto			
	Desprezível	Pequena	Intermediária	Grande
Baixa	Mínima	Mínima	Baixa	Moderada
Média	Mínima	Baixa	Moderada	Moderada
Alta	Baixa	Moderada	Elevada	Elevada
Muito alta	Baixa	Moderada	Elevada	Muito elevada

Fonte: adaptado de Lydian International (2016), terminologia modificada.

classes de magnitude (Tab. 6.4) para facilitar determinações de importância. A sensibilidade do componente, por sua vez, também foi classificada em níveis (Quadro 6.13). Observe-se que a sensibilidade do receptor é descrita qualitativamente, e o enquadramento do componente em outra classe é altamente dependente da interpretação da equipe de analistas.

Uma abordagem desse tipo pode ser apropriada para avaliar impactos cumulativos como parte de um EIA. No entanto, o fato de um projeto contribuir "pouco" para modificar a condição de um componente não o torna automaticamente pouco significativo, pois é o efeito "total" sobre o componente que importa (USCEQ, 1997). Se a contribuição, ainda que pequena, for tal que o impacto ultrapasse algum limiar, ele será significativo.

Em uma AIC, apesar de os componentes e subcomponentes ambientais e sociais serem selecionados por sua relevância, eles não possuem necessariamente o mesmo nível de importância, podendo-se determinar prioridades. No caso citado de empreendimentos de mineração que afetam vegetação nativa (Quadro 6.10), os campos rupestres (Fig. 6.10) são mais importantes do que remanescentes de florestas, pois são raros, ocupam área muito menor e suas funções ecológicas não podem ser substituídas, tendo sensibilidade muito alta às pressões do projeto, segundo a escala do Quadro 6.11. Ainda que esse quadro tenha sido preparado para outro projeto, ele contém elementos essenciais para a determinação da importância ou sensibilidade de um componente ambiental.

Quadro 6.13 Escala de sensibilidade do receptor

Sensibilidade	Descrição
Baixa	Baixa importância ou sensibilidade, abundante, resiliente a mudanças, importante apenas localmente, há potencial de substituição na área.
Média	Baixa a média importância ou sensibilidade, relativamente abundante, de importância regional, razoavelmente resiliente a mudanças, há potencial de substituição.
Alta	Média a alta importância ou sensibilidade, relativamente raro, importante nacionalmente, frágil e suscetível a mudanças, há potencial de substituição.
Muito alta	Muito alta importância ou sensibilidade, extremamente raro, de importância internacional, muito frágil, altamente suscetível a mudanças, potencial de substituição muito limitado.

Fonte: adaptado de Lydian International (2016).

Diversas fontes apontam que a determinação da significância de impactos cumulativos é mais complexa que realizar tarefa equivalente em um EIA, a exemplo de Bérubé (2007), com base na experiência de várias avaliações de impactos cumulativos como parte de EIAs de projetos hidrelétricos, e IFC (2013). Segundo esta última fonte, a significância de um impacto cumulativo não deve ser avaliada apenas em termos de "quantidade de mudança" (p. 46), ou seja, da intensidade do impacto, mas sim quanto às consequências para a vulnerabilidade ou quanto aos riscos para a sustentabilidade de um componente selecionado, de tal forma que a pergunta a ser respondida ao determinar a significância de impactos cumulativos é se a sustentabilidade ou viabilidade do componente ou recurso afetado será ou poderá ser comprometida caso o projeto, grupo de projetos ou planos sejam implementados. A recomendação da IFC prossegue: "qualquer impacto cumulativo potencial que requeira mitigação adicional e/ou monitoramento além daquele identificado no estudo de impacto ambiental e social deve ser considerado significativo" (IFC, 2013, p. 46).

Em avaliações de âmbito regional, outras abordagens podem ser úteis. Uma abordagem diferente foi empregada no estudo dos parques eólicos na Jordânia (IFC, 2017), no qual se procurou determinar quais componentes selecionados tinham maior risco de sofrer impactos cumulativos. O relatório desse estudo registra que a abordagem escolhida difere da recomendada no guia da IFC (2013).

A significância de impactos cumulativos é entendida como a ultrapassagem de algum limiar, ideia apresentada em várias das fontes já citadas neste e nos capítulos anteriores. Por exemplo, emissões que levem a qualidade do ar a ultrapassar padrões (ou seja, limiares regulatórios) ou captações ou desvios de água que impliquem impactos irreversíveis sobre a biota aquática, como a perda de locais de desova de peixes (ultrapassando limiares ecológicos), seriam claramente fontes de impactos ambientais significativos.

Segundo Johnson e Ray (2021), "limiares são um ponto discreto ou mensurável de alguma dinâmica linear ou não linear a partir do qual uma resposta, processo ou sistema muda". Na Califórnia, "limiares de significância" é um conceito legal: "nível de desempenho quantitativo ou qualitativo de determinado efeito ambiental, acima do qual o efeito será normalmente considerado significativo" (California, 2023b, a).

Os limiares não são determinados pela AIC. A avaliação os utiliza, quando disponíveis, para analisar a significância de impactos e determinar a necessidade de medidas de mitigação. Em geral, os limiares são estabelecidos com base em:

- pesquisa científica e análise de risco, como os padrões de qualidade do ar ou áreas mínimas para espécies;
- experiência e observação empírica, como o número mínimo de leitos hospitalares em relação à população atendida.

Quando limiares são adotados legalmente em determinada jurisdição, são conhecidos como limiares regulatórios. No caso de componentes para os quais não existem limiares regulatórios, publicações científicas ou documentos de políticas públicas podem ser fontes para determinação de limiares no âmbito de uma AIC.

A ultrapassagem de limiares é um critério de significância de impactos aplicável a qualquer avaliação, mesmo que não se trate de impactos cumulativos. Canter (2015) lembra que, mesmo que limiares sejam "conceitualmente apropriados" (p. 299) para determinar a significância de impactos, sua quantificação "continua problemática".

A IFC (2013), entre outras fontes, propõe que, quando não houver limiares conhecidos, deve-se procurar definir limites aceitáveis de mudança da condição de cada componente selecionado. Esses limites seriam estabelecidos em consulta à comunidade científica e às comunidades afetadas, de forma a definir qual a condição do componente selecionado considerada aceitável para as partes interessadas.

A presença de impactos cumulativos significativos ou o risco de que limiares de significância sejam ultrapassados ensejam a necessidade de mitigação de impactos, tema do próximo capítulo.

6.5 Pontos de destaque

- Há duas maneiras fundamentais de construir cenários para avaliação de impactos cumulativos: como carteira de projetos e por simulação.
- Os cenários delineados na definição do escopo da avaliação devem ser desenvolvidos para informar a análise de impactos.
- O prognóstico deve ser construído para cada componente, utilizando ferramentas compatíveis.
- A previsão de impactos deve ser feita de maneira diferencial para cada cenário de avaliação considerado.

- A previsão de impactos deve, preferencialmente, ser espacializada, isto é, mostrar onde, no espaço, ocorrerão as mudanças previstas em cada cenário de avaliação.
- A determinação da significância de impactos cumulativos deve considerar a vulnerabilidade do componente às pressões do conjunto de ações (estressores) e os limites aceitáveis de mudança.

MITIGAÇÃO DE IMPACTOS CUMULATIVOS, ACOMPANHAMENTO E GESTÃO

7

Os dois últimos passos da avaliação de impactos cumulativos são associados: o desenvolvimento de medidas e programas para evitar, reduzir, reparar ou compensar os impactos cumulativos adversos, e o acompanhamento da implementação desses programas, incluindo o monitoramento e a gestão adaptativa (Fig. 7.1). A primeira seção deste capítulo aborda o planejamento dos programas de gestão, e a sua implementação é o tema da segunda seção.

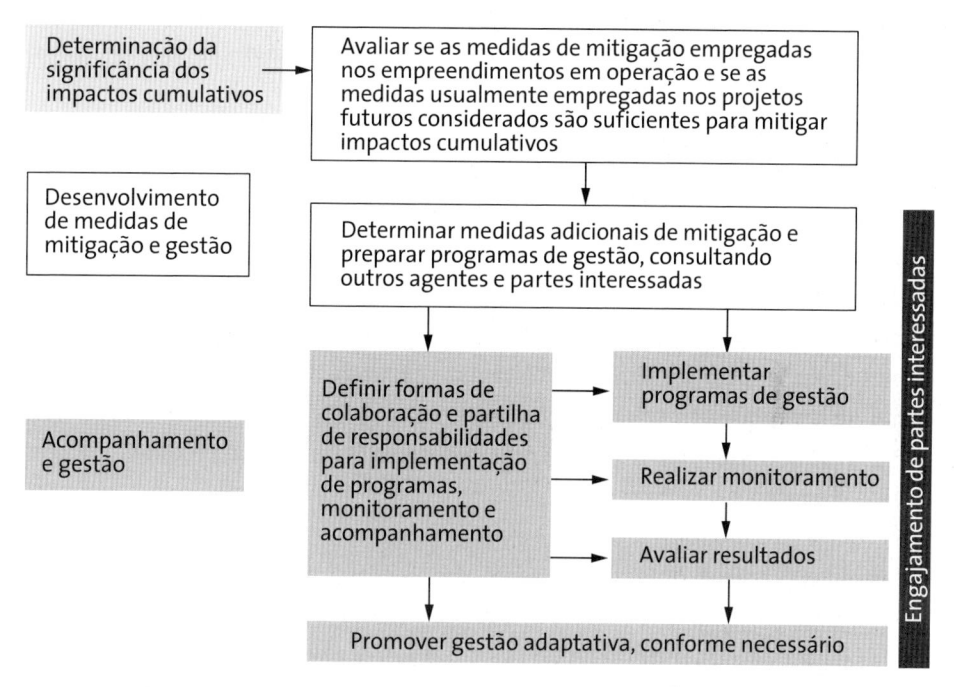

Fig. 7.1 *Definição de medidas mitigadoras e acompanhamento de impactos cumulativos*

Ao avaliar impactos cumulativos no âmbito do EIA de um único projeto, as medidas mitigadoras são compromissos ou obrigações do proponente daquele projeto, não cabendo, em geral, a imposição de medidas de cumprimento obrigatório por parte de terceiros. Entretanto, o empreendedor pode estar em posição de estimular, facilitar ou colaborar com governos, outras empresas ou organizações do terceiro setor para a implementação de certas medidas, principalmente quando o projeto é apresentado por uma grande empresa e o investimento é de monta.

Assim, para mitigar impactos de projetos, não é rara a implementação de programas em parceria com o poder público, a exemplo de obras de melhoria de estradas, investimentos em equipamentos sociais, como centros de saúde ou escolas, gestão de resíduos sólidos ou recuperação de áreas degradadas.

Todavia, a mitigação de impactos cumulativos pode requerer programas adicionais ou mesmo medidas e ações muito diferentes daquelas encontradas em um EIA. Muitas vezes são necessárias ações coordenadas com os agentes responsáveis por controlar outras fontes de impactos sobre os componentes selecionados, como outras empresas, ou por controlar a ação de múltiplos agentes dispersos, tipicamente órgãos governamentais. Além da coordenação de ações, pode ser necessária a colaboração entre esses agentes.

7.1 Desenvolvimento de medidas de mitigação e gestão

Impactos cumulativos resultam do efeito aditivo ou combinado de diversas ações humanas. A mitigação desses impactos depende, portanto, de um conjunto de medidas implementadas por múltiplos atores. A mitigação dos impactos de cada projeto pode não ser suficiente para manter os impactos cumulativos dentro de limites aceitáveis; segundo Canter (2015), "impactos cumulativos requerem soluções cumulativas".

Na avaliação de impacto ambiental, o desenvolvimento de medidas preventivas e corretivas é sempre guiado pela hierarquia de mitigação, a sequência preferencial de medidas a serem empregadas no planejamento e na gestão de um projeto, plano ou programa:

- evitar impactos adversos e prevenir riscos;
- reduzir ou minimizar riscos e impactos adversos;
- reparar impactos adversos depois de sua ocorrência;
- compensar impactos adversos.

Essa sequência é recomendada pelo Conselho de Qualidade Ambiental dos Estados Unidos desde a primeira versão de seu regulamento, de 1979, e mantida em sua versão mais recente (USCEQ, 2022). O conceito é amplamente adotado na literatura sobre AIA.

As medidas mais eficazes são sempre aquelas que evitam impactos adversos. Projetos de engenharia são preparados em graus sucessivos de detalhamento. É nas etapas iniciais, principalmente de desenho conceitual e também de projeto básico, que a busca de soluções para evitar impactos – ou para reduzir sua magnitude e significância – é mais importante.

Na formulação e implementação de planos e programas, evitar e minimizar impactos adversos cumulativos também deve ser uma diretriz. Por exemplo, Kiesecker *et al.* (2011) encontraram que o potencial de geração eólica em áreas perturbadas (usadas para agricultura, pecuária, rodovias, mineração, produção de óleo e gás e áreas urbanas) nos Estados Unidos é 14 vezes maior que a capacidade de geração pretendida pelas políticas governamentais dos anos 2010 para energia elétrica a partir de fontes renováveis. Desse modo, localizar novos parques eólicos nessas áreas em vez de construí-los em áreas "intactas" (nesse caso, pouco perturbadas) reduziria impactos cumulativos sobre a vida selvagem.

Se um impacto puder ser evitado, o projeto tampouco causará impacto cumulativo sobre o componente em questão, portanto, não haverá impactos cumulativos a serem mitigados. Mas se os impactos não forem evitados, medidas mitigadoras serão necessárias para reduzir a magnitude ou importância dos impactos do projeto, e o impacto que "restar" após a aplicação eficaz dessas medidas, chamado de impacto residual, ainda poderá fazer com que um limiar de significância seja ultrapassado, mesmo que o impacto do projeto, isoladamente, seja avaliado como pouco significativo. Nesse caso, medidas mitigadoras adicionais serão necessárias.

Essa situação é exemplificada na Fig. 7.2, que representa os impactos de vários projetos que afetam o mesmo componente ambiental ou social, cada projeto com suas medidas mitigadoras e impactos residuais. Os empreendimentos em operação que também afetam o mesmo componente terão seus controles para mitigar impactos, mesmo que não tenham passado pelo processo de avaliação de impacto ambiental. Considerando os empreendimentos em operação, os novos projetos razoavelmente previsíveis e, quando aplicável, os efeitos remanescentes de ações passadas, e assumindo, para facilitar o raciocínio, que os processos de acumulação são aditivos, o impacto total sobre o componente é maior do que a contribuição de cada novo projeto. Se houver outros indutores de mudança atuando na área que também afetem o componente, o impacto será ainda maior.

Para determinar a significância do impacto cumulativo, como já visto no Cap. 6, deve-se considerar o efeito total sobre o componente e alguma referência para avaliação, que seria algum limiar, como um limiar regulatório ou um limite aceitável de mudança. Na Fig. 7.3a, são esquematizadas três situações

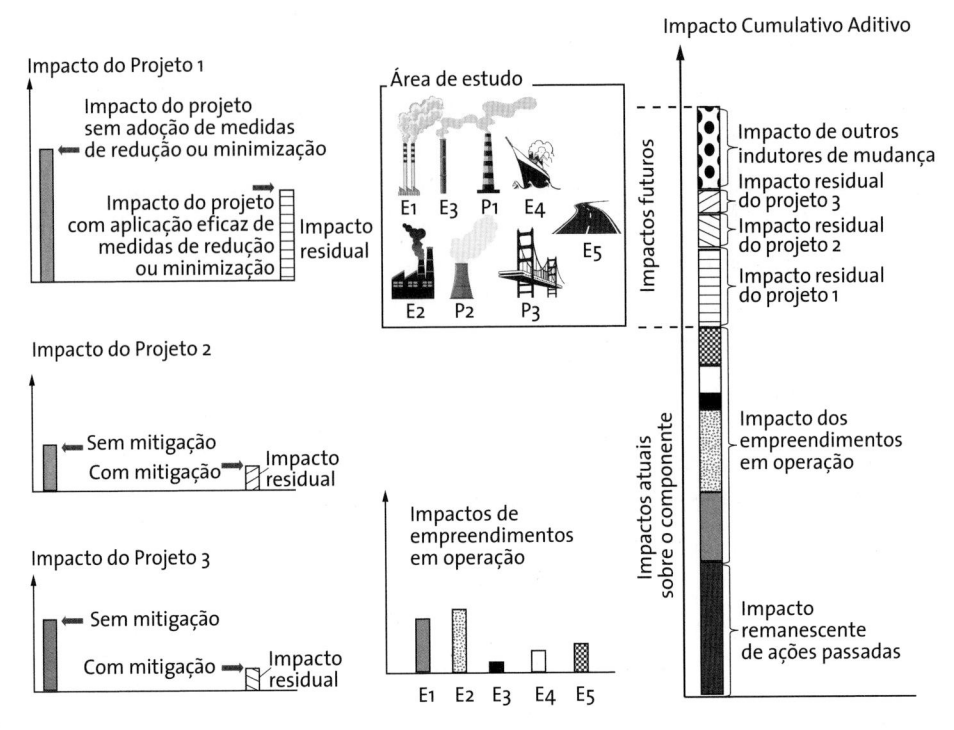

Fig. 7.2 *A mitigação de impactos de projetos isolados é insuficiente para mitigar impactos cumulativos*

hipotéticas. Na situação A, o limiar já foi ultrapassado, e não "cabe" nenhum outro projeto. Na situação B, o diagnóstico mostra que o componente está próximo do limiar, e o impacto incremental do novo projeto ou conjunto de projetos faria com que esse limiar fosse ultrapassado. Já na situação C, o novo projeto poderia ser construído sem que o limiar de significância fosse acomodado. Na Fig. 7.3b, os impactos dos projetos hidrelétricos na bacia do rio Trishuli sobre os ecossistemas aquáticos foram previstos em termos de alteração de um índice de integridade ecológica (seção 5.5). Os cenários de avaliação foram montados segundo carteiras de projetos (seção 6.1), contendo: (i) apenas os projetos já em construção, (ii) os projetos em construção acrescidos dos já aprovados ou em vias de aprovação, e (iii) o desenvolvimento total do potencial hidrelétrico da bacia. Esses cenários são representados pelas barras verticais, enquanto a escala vertical direita indica a potência instalada. Um índice de integridade ecológica foi modelado para cada cenário e comparado com a situação atual, cujo valor é cerca de 70%. Apenas com os projetos em construção, o índice cairia

(a)

Indicador de impacto

Limiar de significância

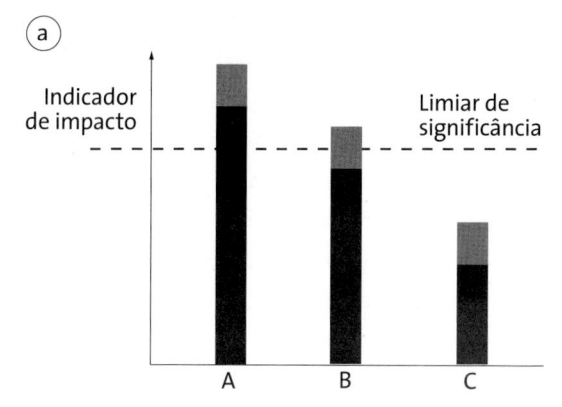

A   B   C

■ Impactos incrementais do projeto, grupo de projetos ou plano em análise
▨ Impactos acumulados até o presente

Fig. 7.3 *Impactos incrementais (a) em três situações hipotéticas e (b) no caso de projetos hidrelétricos na bacia do rio Trishuli, no Nepal*
Fonte: (b) IFC (2020, p. 153).

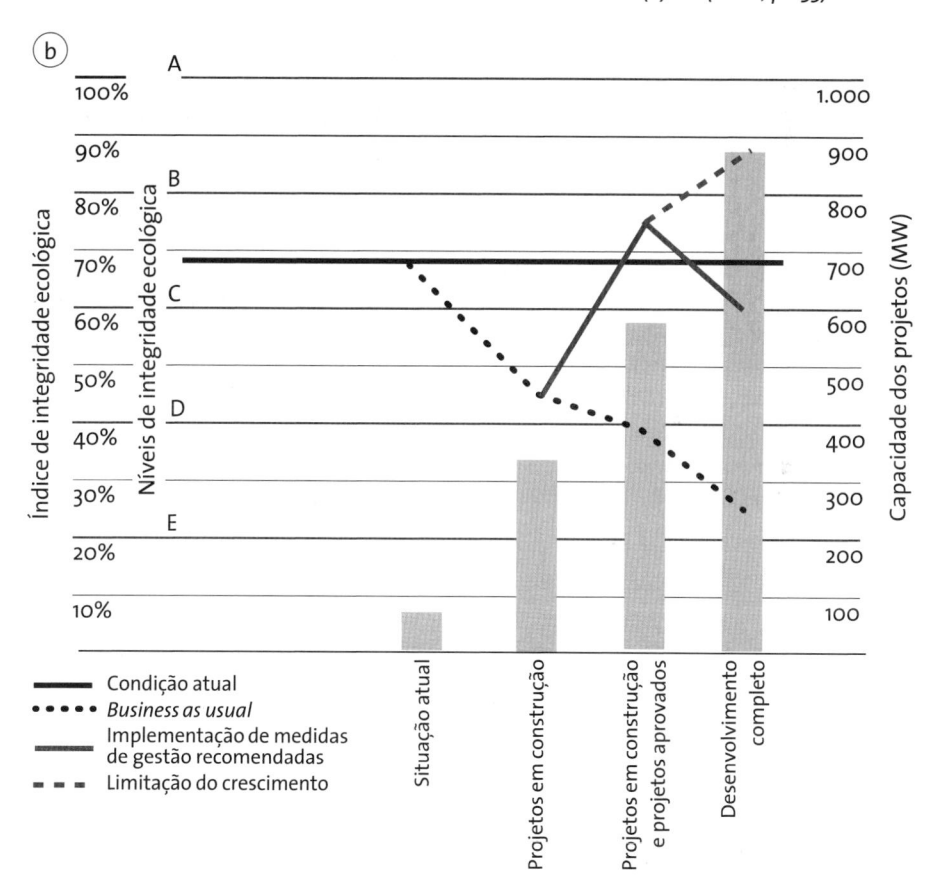

(b)

Índice de integridade ecológica / Níveis de integridade ecológica
A — 100%
B — 80%
C — 70%
D — 40%
E — 20%

Capacidade dos projetos (MW): 100 – 1.000

— Condição atual
•••• Business as usual
— Implementação de medidas de gestão recomendadas
- - - Limitação do crescimento

Situação atual | Projetos em construção | Projetos em construção e projetos aprovados | Desenvolvimento completo para aproximadamente 45%, mas cairia ainda mais com novos projetos e com o desenvolvimento total do potencial. O possível resultado das medidas mitigadoras recomendadas nesse estudo (IFC, 2020) foi estimado em termos de seu efeito sobre o índice de integridade ecológica, mostrando que, sem mitigação de impactos cumulativos (diferente da mitigação dos impactos de cada projeto isolado), o nível atual não pode ser mantido. Ademais, mesmo com a mitigação, não seria possível manter o nível atual no cenário de desenvolvimento completo do potencial hidrelétrico. Para preparar "previsões indicativas dos resultados das medidas de gestão", foi considerado o aprendizado da avaliação de impactos de projetos hidrelétricos no Paquistão, detalhado no Boxe 7.1.

Boxe 7.1 Exemplo de medidas coordenadas de mitigação de impactos cumulativos

Na bacia dos rios Jhelum e Poonch, no Paquistão, há mais de 50 usinas hidrelétricas em operação e outras em construção ou planejadas. Mas a região também apresenta rica biodiversidade aquática e abriga duas espécies de peixes classificadas como criticamente ameaçadas e que são importantes fontes de alimentação. Pelo menos um dos projetos foi proposto para uma área classificada como hábitat crítico. Envolvida no financiamento de seis novas barragens, a IFC requereu a preparação de uma avaliação de impactos cumulativos como parte da análise de um dos projetos, Gulpur, uma usina de 102 megawatts. O estudo deveria descrever os impactos cumulativos e riscos para toda a bacia e "propor medidas de mitigação e os arranjos institucionais necessários para gerenciar tais impactos". A IFC também estimulou que seus clientes, outras empresas, investidores, governos, pesquisadores e organizações da sociedade civil se reunissem para desenvolver cooperativamente uma estratégia de proteção da biodiversidade para toda a bacia. As medidas adotadas incluíram a criação de áreas protegidas para reprodução de peixes e um plano coordenado de gestão das vazões das barragens e de liberação de sedimentos.

Fonte: IFC (2015, 2021).

Dessa forma, a mitigação do impacto sobre o componente em questão somente seria alcançada com medidas que atuassem para reduzir os impactos acumulados até o presente.

É comum o entendimento de que para mitigar impactos cumulativos são necessárias medidas de mitigação além daquelas apresentadas em projetos isolados (IFC, 2013, p. 49). A Agência de Proteção Ambiental dos Estados Unidos recomenda que, "no mínimo, deveria haver medidas para mitigar a contribuição do projeto proposto para os impactos cumulativos" e que "é apropriado sugerir mitigação para impactos cumulativos causados por outras atividades" (USEPA, 1999, p. 4), ou seja, recomendações dirigidas a terceiros.

Há fundamentalmente três estratégias de mitigação de impactos cumulativos (Fig. 7.4):
  I. Redução, reparação ou compensação de impactos adversos do projeto, grupo de projetos ou plano em análise.
 II. Melhoria do desempenho e redução de impactos de empreendimentos existentes cujas atividades afetem os componentes selecionados.
III. Melhoria da condição, aumento da resiliência ou redução da vulnerabilidade dos componentes ambientais ou sociais afetados pelos projetos, empreendimentos e outros indutores de mudança.

Resiliência: "capacidade de um sistema (socioecológico) de absorver perturbações e se reorganizar para reter, essencialmente, a mesma função, estrutura e retroalimentações – e, portanto, sua identidade" (Folke, 2016)

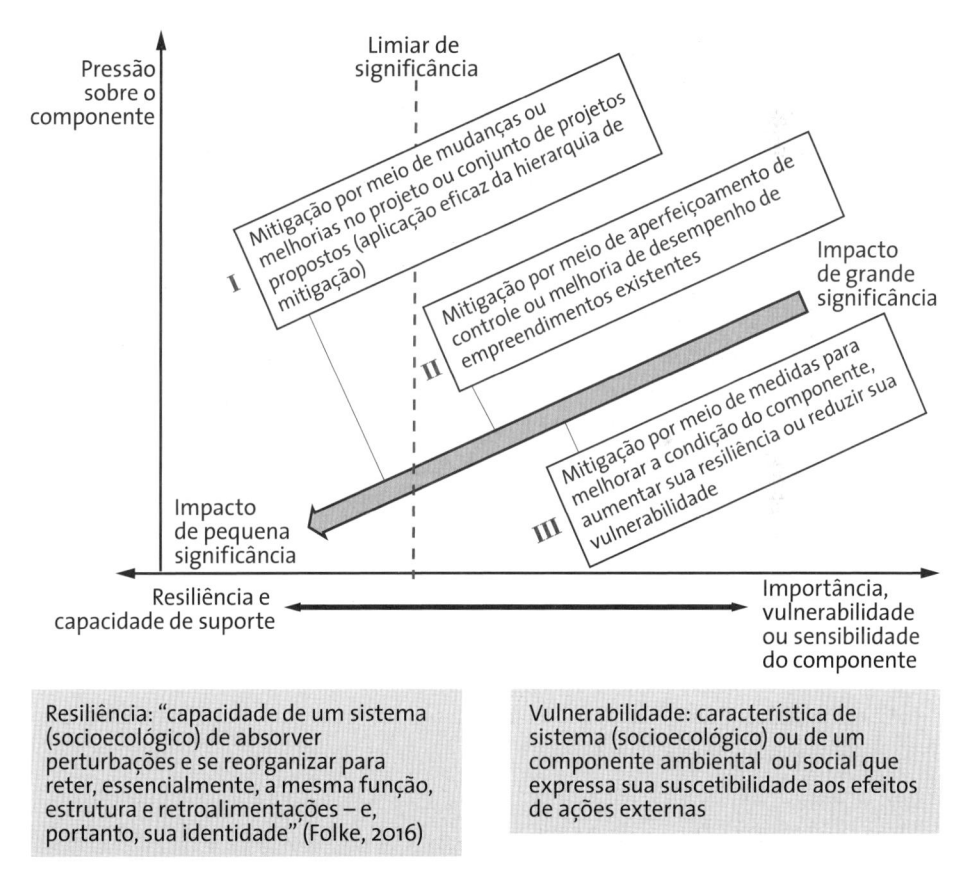

Vulnerabilidade: característica de sistema (socioecológico) ou de um componente ambiental ou social que expressa sua suscetibilidade aos efeitos de ações externas

Fig. 7.4 *Estratégias de mitigação de impactos cumulativos*

Embora a estratégia do tipo I seja sempre necessária, pode ser insuficiente para manter os impactos cumulativos dentro de limites aceitáveis, e precisa ser combinada com estratégias dos tipos II e III. São exemplos de situações às quais se aplicam essas duas estratégias:

- o impacto incremental de um projeto sobre disponibilidade hídrica, com a redução da vazão de um rio devida à captação para o chamado uso consuntivo – ou seja, consumo sem retorno de água –, pode ser mitigado por ações de diminuição de consumo ou redução de desperdício dos principais agentes consumidores atuais;
- o impacto incremental de um projeto sobre qualidade da água pode ser mitigado por ações como coleta e tratamento de efluentes de fontes de poluição existentes, recuperação de matas ciliares, proteção de solos contra erosão acelerada, entre outras;
- o impacto incremental de um projeto sobre vegetação nativa pode ser mitigado por ações de restauração ecológica e de proteção de áreas ameaçadas por expansão urbana ou agropecuária na mesma região ou na área de influência;
- o impacto incremental de um projeto sobre hábitats de espécies ameaçadas pode ser mitigado por ações de proteção ou restauração de hábitats remanescentes, conjugadas com outras ações de proteção dessas espécies;
- impactos cumulativos sobre meios de vida de populações tradicionais podem ser mitigados por ações de conservação de seus territórios e restrição de acesso de terceiros aos recursos dos quais dependem as populações;
- certos impactos cumulativos sobre adensamento urbano podem ser mitigados por meio de investimentos em transporte coletivo, estímulo ao comércio local e garantia de conservação de áreas verdes e espaços livres.

As estratégias que visam melhorar a condição ou aumentar a resiliência do componente sempre demandam o envolvimento de vários agentes e, se possível, atuação colaborativa. Quando esse tipo de estratégia é necessário para mitigar os impactos de projetos privados, a ação governamental faz-se obrigatória, e também é preciso diferenciar entre ações para as quais um empreendedor privado tem controle direto e aquelas para as quais possa ter alavancagem para influenciar outros para chegar à gestão ótima dos impactos cumulativos como parte de um esforço de múltiplas partes (IFC, 2013, p. 16).

Grandes projetos de investimento, especialmente em setores como energia, mineração e infraestrutura, têm grande potencial transformador e perturbador dos equilíbrios regionais e, portanto, de causar impactos cumulativos significativos. Para sua construção e operação, são mobilizados recursos de grande monta – recursos financeiros, humanos e conhecimento. Dessa forma, tais projetos também têm potencial de disponibilizar recursos e alavancar outras fontes para propiciar ações coordenadas de terceiros e melhorar a condição do componente.

Um exemplo de estratégia do tipo III são ações de compensação de biodiversidade. Planejadas caso a caso, as compensações não abordam impactos cumulativos (Brownlie; King; Treweek, 2013, p. 27), ainda que em alguns casos possam mitigar certos impactos de ações passadas, a exemplo da fragmentação da paisagem, a partir de medidas de aumento da conectividade, como realizado em um projeto de mineração de ferro em Minas Gerais (Rosa et al., 2022). Kiesecker et al. (2013) defendem que a compensação deveria ser planejada em dois níveis. Inicialmente, em escalas de paisagem (ou seja, uma área suficientemente ampla), seriam determinadas as prioridades de conservação e restauração. Em seguida, ao determinar os impactos residuais de um projeto, as compensações deveriam ser alocadas em porções do território de forma compatível com as prioridades estabelecidas.

Pode ser necessária mitigação adicional apenas para alguns impactos. Para determinar essa necessidade, as medidas mitigadoras que já fazem parte dos projetos considerados devem ser examinadas. Se forem suficientes, não se esperam impactos residuais significativos e não será preciso adotar medidas adicionais. Entretanto, se os programas ambientais dos projetos considerados forem avaliados como insuficientes para mitigar os impactos cumulativos, medidas adicionais devem ser planejadas (Fig. 7.5).

No estudo mencionado em capítulos anteriores sobre descaracterização de barragens de rejeitos, foram examinadas as medidas propostas em cada projeto e aquelas usualmente empregadas para mitigar os impactos das atividades a serem desenvolvidas nesse tipo de projeto. Mediante análise qualitativa baseada em julgamento profissional, seu potencial foi avaliado e as conclusões

190 | AVALIAÇÃO DE IMPACTOS CUMULATIVOS

```
[Impactos sobre um componente ambiental ou social selecionado]   [Medidas mitigadoras descritas nos estudos de impacto ambiental ou outros documentos ou medidas usualmente empregadas nesse tipo de projeto]
                           ↓
        [Há mitigação proposta ou usualmente adotada para os impactos cumulativos sobre esse componente?]
              ↙ NÃO              SIM ↘
                        [Potencial de as medidas mitigarem impactos cumulativos]      [Avaliação qualitativa]
                     ↙ PEQUENO    ↓ MÉDIO    ↘ GRANDE
    [Necessidade de mitigação adicional dos impactos cumulativos]       [Não há necessidade de mitigação adicional dos impactos cumulativos]
```

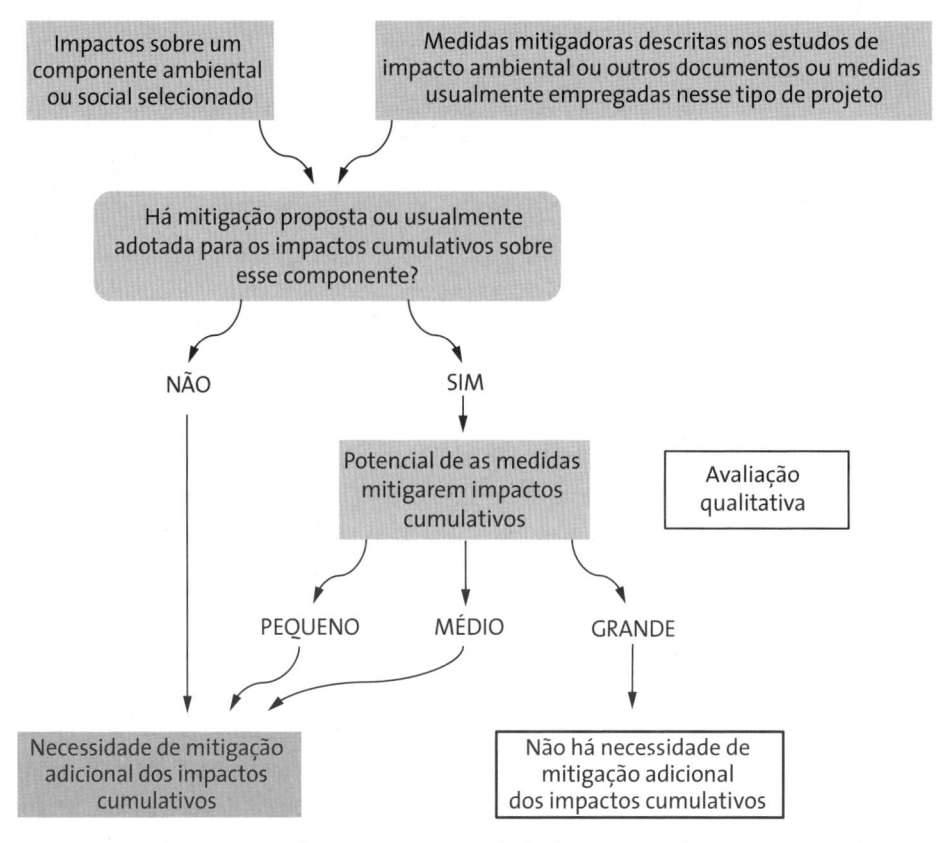

Fig. 7.5 *Procedimento para determinar a necessidade de mitigação de impactos cumulativos*

devidamente documentadas, como exemplificado no Quadro 7.1 para alguns impactos. Em consequência, foram feitas recomendações para os impactos cuja mitigação foi avaliada como insuficiente. Observe-se que para alguns impactos identificados na AIC não havia medida indicada pelo proponente do projeto. Por exemplo, para o impacto "aumento da demanda de serviços públicos", nada foi sugerido para mitigar a maior demanda por serviços de saúde, principalmente em relação a atendimento ligado à saúde mental, nem por serviços de defesa civil, muito requisitados durante a evacuação de áreas de risco e a realização de exercícios simulados de emergência.

No estudo dos projetos da bacia do rio Trishuli, a mitigação necessária combina medidas a serem empregadas em alguns projetos (tipo I, Fig. 7.4), como a construção de passagens de peixes, medidas de melhoria da condição do componente (tipo III), como ações de restauração de áreas de reprodução de

QUADRO 7.1 **Avaliação do potencial de mitigação de impactos cumulativos de medidas propostas em projetos de descaracterização de barragens**

Componente ambiental ou social selecionado	Impactos	Medidas mitigadoras descritas nos projetos de descaracterização, apresentadas pelas empresas ou usualmente empregadas	Tipo	Potencial de mitigar impactos cumulativos			Justificativa
				P	M	G	
Comunidades	13. Incômodo e desconforto pessoal	Comunicação com a comunidade, através de informes periódicos	R	■			Há pouca evidência de comunicação que envolva escuta ativa e engajamento. Não há evidência de comunicação específica sobre descaracterização e obras associadas
	14. Perda de locais de moradia, trabalho e convívio social	Os projetos não apresentam informação. Durante as reuniões, duas empresas informaram ações adotadas	C	■			São adotadas ações emergenciais e assistenciais quando há remoção de população sem evidência de um plano de relocação consolidado
	19. Aumento do risco de comprometimento da saúde mental	Atendimento psicossocial à população removida					Não foram encontradas evidências de acompanhamento sistemático nem de produção de dados e indicadores para avaliar resultados
	20. Perda de valor imobiliário	Não é proposta mitigação para esse impacto		Nenhum			Não se aplica
	21. Aumento/redução dos níveis de emprego	Contratação de mão de obra local				■	Os empregos são temporários, mas em sua maior parte requerem qualificação similar à da mineração, geralmente existente

QUADRO 7.1 (continuação)

Componente ambiental ou social selecionado	Impactos	Medidas mitigadoras descritas nos projetos de descaracterização, apresentadas pelas empresas ou usualmente empregadas	Tipo	Potencial de mitigar impactos cumulativos			Justificativa
				P	M	G	
Comunidades	25. Aumento da demanda de serviços públicos	Não é proposta mitigação para esse impacto		Nenhum			Não se aplica
Patrimônio cultural	15. Perda, deterioração ou descontextualização de bens culturais	Identificação de sítios, delimitação física, sinalização	E				Os projetos não mencionam impactos ou riscos ao patrimônio cultural e nenhuma medida é proposta. A eficácia das medidas usualmente adotadas depende de conhecimento da existência de sítios e outros bens culturais. Não foi apresentada evidência suficiente de que as empresas tenham identificado os bens culturais nas imediações das áreas de obras e nas imediações da mancha de inundação
		Escavação de resgate (em caso de perda)	C				
		Implantação de centros de memória, registro documental de bens culturais, educação patrimonial	C				
Vias públicas	16. Deterioração de vias públicas	Não é proposta mitigação para esse impacto		Nenhum			Não se aplica
	17. Aumento dos tempos de viagem	Não é proposta mitigação para esse impacto		Nenhum			Não se aplica

QUADRO 7.1 (continuação)

Componente ambiental ou social selecionado	Impactos	Medidas mitigadoras descritas nos projetos de descaracterização, apresentadas pelas empresas ou usualmente empregadas	Tipo	Potencial de mitigar impactos cumulativos P / M / G	Justificativa
Vegetação nativa	06. Redução da área de hábitat natural/seminatural	Recuperação de áreas degradadas	R	M	Há grande experiência no ramo, mas os resultados são obtidos apenas a longo prazo, ao passo que as perdas são imediatas
Vegetação nativa	06. Redução da área de hábitat natural/seminatural	Compensação florestal, nos termos da legislação	C	M	Em caso de supressão, a compensação é proposta *a posteriori* e analisada caso a caso pelo Instituto Estadual de Florestas, com difícil consideração da escala de paisagem
Águas superficiais	04. Degradação da qualidade de águas superficiais	Controle de drenagem de águas pluviais em áreas de canteiros de obras, dispositivos de retenção de sedimentos, de contenção de vazamento de derivados de petróleo e outros	E M	G	São medidas usuais, amplamente adotadas e de eficácia conhecida. Entretanto, a eficácia de sua aplicação a cada caso depende de controles gerenciais e da supervisão ambiental sobre as atividades das empreiteiras contratadas

Tipo de medida: (E) evitar impactos e prevenir riscos; (M) minimizar ou reduzir riscos e impactos adversos; (R) reparar ou corrigir impactos adversos depois da sua ocorrência; (C) compensar impactos adversos que não puderem ser evitados.
Potencial de mitigar impactos cumulativos: (P) pequeno, (M) médio e (G) grande.
Nota: o quadro não abrange todos os impactos considerados neste estudo.
Fonte: adaptado de Neri et al. (2021).

peixes, e medidas para reduzir a pressão de atividades atuais sobre o componente (tipo II), como a regulação comunitária da pesca (Quadro 7.2). As medidas de mitigação são dirigidas a três principais agentes: os empreendedores dos diferentes projetos, os órgãos governamentais e as comunidades e suas associações, mostrando que impactos com múltiplas fontes precisam ser mitigados por múltiplos agentes. A atuação plural requer cooperação e, preferencialmente, colaboração.

A IFC aponta uma série de recomendações para que a implementação da mitigação seja bem-sucedida. Uma delas é a formação de "comitês locais de gestão de impactos" para monitorar a implantação das medidas mitigadoras, acompanhada da indicação de possíveis fontes e modalidades de financiamento. Outra recomendação diz respeito a "monitoramento capaz de adaptar modelos pressão-estado-resposta na AIC" (IFC, 2020, p. 145).

Como visto nesses exemplos, mitigar impactos cumulativos quase sempre precisa da coordenação de ações e, se possível, a colaboração de múltiplos agentes. A atuação conjunta pode ocorrer de diferentes formas e em diferentes graus (Fig. 7.6), mas sempre repousa sobre algum acordo explícito entre agentes. O poder de alavancagem de certos agentes, como governos, bancos de desenvolvimento e grandes empresas, pode ser posto a favor de iniciativas colaborativas (Boxe 7.1).

7.2 Acompanhamento e gestão

As ferramentas utilizadas no acompanhamento de projetos individuais, tais como monitoramento ambiental, supervisão ambiental de obras de construção, auditorias ambientais e fiscalização realizada pelo poder público, têm seu papel na gestão de impactos cumulativos, pois contribuem para mitigar os impactos de cada projeto. Entretanto, olhar para empreendimentos isolados é insuficiente. Se as ações de mitigação envolvem vários agentes, o acompanhamento deve visar o conjunto de ações.

Governos devem ter papel preponderante no acompanhamento, conforme recomendado genericamente pela IFC (2013) e exemplificado no caso mostrado no Quadro 7.2. Mais de 60% de um grupo de 40 profissionais e pesquisadores atuantes no Canadá (Dibo; Noble; Sánchez, 2018) também opinaram que agências governamentais devem ter papel preponderante e atuar mais fortemente do que o fazem na atualidade. O acompanhamento, porém, é uma responsabilidade partilhada entre governos, empreendedores e organizações da sociedade civil.

QUADRO 7.2 Sumário de mitigação e monitoramento de impactos cumulativos de projetos hidrelétricos no Nepal

Receptor e subcomponente	Outras fontes importantes de impacto	Impactos cumulativos dos projetos hidrelétricos	Significância dos impactos cumulativos	Medidas de mitigação propostas		
				Empresas de energia	Autoridades governamentais	Comunidades locais
Hábitats aquáticos: contiguidade do hábitat	• Mineração de areia • Rodovias de acesso • Mudanças climáticas: redução das vazões em trechos de vazão já reduzida por causa das barragens	• Bloqueio da migração de peixes no tronco principal e tributários, resultando na redução da população de certas espécies • Degradação de hábitats aquáticos, com redução da profundidade de trechos de rio, afetando migrações	A integridade dos hábitats será progressivamente deteriorada nos quatro cenários, da categoria B (atual) para C ou D, e para E ou F, no cenário de desenvolvimento completo	• Instalação de passagens de peixes com projeto aprovado por especialistas • Criação de santuários para duas espécies de peixes • Manutenção de vazões ecológicas • Implantação de rede de monitoramento e capacitação de pessoas • Monitoramento da eficácia das passagens de peixes	• Fiscalização das passagens de peixes • Capacitação para monitoramento de peixes migratórios e passagens de peixes • Fiscalização da pesca e da mineração • Melhoria das áreas de reprodução de peixes	• Regulação comunitária da captura de duas espécies de peixes • Proteção de áreas de reprodução nos tributários

Entretanto, não é incomum que, quando diversos empreendimentos operam na mesma área, existam pontos de monitoramento muito próximos e de empresas distintas, cujos resultados são reportados separadamente ao órgão ambiental (Neri; Dupin; Sánchez, 2016).

No desenho de planos de monitoramento, é importante discernir entre o monitoramento dos impactos de um determinado projeto e o monitoramento da condição de determinado componente ambiental. Por exemplo, o monitoramento da qualidade do ar basicamente detecta os efeitos cumulativos das várias fontes, e dificilmente a contribuição de cada fonte pode ser medida. Já no monitoramento da qualidade da água, dependendo da localização do ponto de amostragem, pode-se captar os efeitos combinados das várias fontes de efluentes e de descargas difusas ou os efeitos de fontes individualizadas, ou seja, de um determinado projeto.

A publicidade dos dados de monitoramento é um aspecto importante do acompanhamento que contribui para fortalecer a participação pública (Morrison-Saunders et al., 2023), sendo também uma das atividades pertinentes ao engajamento de partes interessadas.

7.2.2 Colaboração

A implementação das ações de mitigação de impactos cumulativos, como as indicadas na Fig. 7.6, é beneficiada quando há colaboração entre os principais agentes. Colaboração aqui deve ser entendida não em seu sentido etimológico de laborar junto, mas como "uma abordagem de gestão na qual um conjunto diverso de partes interessadas funcionalmente autônomas se juntam para deliberar, construir consensos e desenvolver redes para tomar decisões em conjunto" (Margerum, 2021, p. 313). A colaboração se distingue tanto da ação independente quanto de decisões "de cima para baixo" (Eberhard; Johnston; Everinghan, 2013, p. 685).

Assim, apenas o compartilhamento de informação não é colaboração, e nem mesmo a ação coordenada, embora ambos sejam elementos que concorrem para processos colaborativos. A cooperação é a troca de informações, o ajuste de atividades realizadas por diferentes entidades e a partilha de certos recursos para atingir um objetivo comum (Camarinha-Matos; Afsarmanesh, 2008).

É preciso que haja oportunidades para que as partes interessadas, em conjunto, possam definir problemas, identificar possíveis soluções e influenciar ações. A colaboração implica a existência de estruturas e redes que viabilizem alguma partilha de poder de decisão, e também significa a definição conjunta de problemas, o estabelecimento de objetivos e meios para atingi-los.

Um espectro de colaboração foi proposto por Himmelman (2001): começa-se pelo estabelecimento de redes, seguindo para a coordenação entre entidades, a cooperação, que envolve certa divisão de trabalho, e a colaboração. A partilha de informação é um denominador comum e pressuposto para todos os níveis, mas a partilha de recursos (humanos, financeiros etc.) para atingir um objetivo comum e a confiança vão crescendo para se atingir um nível colaborativo (Camarinha-Matos; Afsarmanesh, 2008).

No entanto, a colaboração sustentada por longos períodos, que seria necessária para o acompanhamento e gestão de impactos cumulativos, é muito difícil e constitui grande desafio. Um estudo de longa duração realizado em uma região de mineração de carvão e produção de gás no estado de Queensland, na Austrália, encontrou esforços de cooperação entre empresas para avaliar e mitigar impactos cumulativos, na forma de comunicação e troca de informações, mas não foram estabelecidas estruturas de governança colaborativa (Eberhard; Johnston; Everingham, 2013).

A colaboração é tema de um manual do Conselho de Qualidade Ambiental dos Estados Unidos voltado aos profissionais da avaliação de impacto ambiental (USCEQ, 2007). Ainda que o manual não tenha foco específico em impactos cumulativos, Canter (2015) aponta sua utilidade para preparar acordos entre órgãos governamentais para a gestão de impactos cumulativos. Entre suas diversas recomendações, o manual aponta a importância da liderança da alta direção dos órgãos envolvidos como fator primordial para que um processo colaborativo tenha credibilidade junto a partes interessadas externas e legitimidade interna perante os funcionários.

Para o projeto Trishuli, a IFC (2020, p. 162) propôs "uma abordagem colaborativa que poderia ser implementada mediante uma combinação de ações", incluindo programas ambientais das empresas de energia, monitoramento com participação da comunidade, suporte técnico de universidades e organizações da sociedade civil e supervisão governamental.

Apesar das inevitáveis dificuldades práticas, a colaboração entre diversos agentes é muitas vezes a única saída possível para a gestão de impactos cumulativos e o único meio de acomodar novos projetos mantendo os componentes ambientais e sociais dentro de limiares aceitáveis.

7.2.3 Gestão adaptativa

Um tópico importante da fase de acompanhamento e gestão é a gestão adaptativa. O termo é usado em vários campos e não tem um significado único. Rist, Campbell e Frost (2012) estudaram sua aplicação em gestão de recursos naturais, observando seu uso desde meados dos anos 1970, em trabalhos como o de Holling (1978). Como uma abordagem para fazer frente à incerteza, a expectativa era que essa forma de gestão melhorasse os resultados pretendidos: "gestão adaptativa não é realmente muito mais do que senso comum, mas o uso do senso comum nem sempre é comum" (Holling, 1978, p. 136).

Para fins de avaliação de impacto no Canadá, gestão adaptativa é um "processo planejado e sistemático para melhoria das práticas de gestão ambiental por meio da aprendizagem sobre seus resultados", provendo flexibilidade para identificar e implementar novas medidas mitigadoras ou modificar medidas existentes durante o funcionamento de um empreendimento (CEAA, 2016).

Gestão adaptativa é muitas vezes recomendada como uma forma de trabalhar com as incertezas da AIC (CEAA, 2018; Páez-Zamora; Quintero; Scott-Brown, 2023). Todavia, autores como Baxter, Ross e Spaling (2001, p. 260) argumentam que, ainda que as incertezas sejam grandes em AIC e por isso a gestão adaptativa seja fundamental, deve haver ênfase na prevenção de impactos, e a possibilidade de corrigir rumos no futuro não deve ser usada como subterfúgio para uma avaliação prévia menos rigorosa.

A Agência Canadense de Avaliação de Impacto (CEAA, 2016) lista circunstâncias nas quais a gestão adaptativa pode ser apropriada, que incluem mudanças ambientais externas que possam afetar o projeto ou influenciar suas medidas mitigadoras e a implantação de outros projetos que possam causar impactos cumulativos. Mesmo assim, Olszynski (2021) aponta que, no Canadá, a prática de gestão adaptativa diverge "às vezes drasticamente" (p. 352) da teoria e é muitas vezes usada, de forma errônea, como uma "alternativa" à prevenção de impactos adversos (p. 365).

Como uma forma de gestão de recursos naturais, o processo de gestão de impactos deve ser capaz de antecipar ameaças e ajustar ações sempre que forem identificadas mudanças nas circunstâncias (Lockwood et al., 2010). Quando se aplica a impactos cumulativos, porém, um problema é que o "foco tradicional em condicionantes de licenças" dificulta ou mesmo impede a gestão adaptativa, segundo Franks, Brereton e Moran (2013, p. 646). Esses autores defendem que seria preciso "monitorar o funcionamento" dos componentes e dispor de mecanismos que possibilitem impor às empresas condições mais restritivas, se necessário, assim como encorajar ou mesmo tornar obrigatória a sua participação em processos colaborativos, incluindo monitoramento em escala regional. Os autores entendem que estabelecer condições prescritivas desde o início pode dificultar a gestão adaptativa.

Exemplos práticos de gestão adaptativa são fornecidos por Thérivel, Blakey e Treweek (2021, p. 201), como um parque eólico nos Estados Unidos, no qual o monitoramento da mortalidade de morcegos mostrou que, se o acionamento da geração de eletricidade é feito apenas quando a velocidade do vento estiver um pouco acima da velocidade mínima de operação (chamada de *cut-in*) e o ângulo das pás é ajustado ligeiramente, a mortalidade é reduzida em até 80%. Esses requisitos operacionais tornaram-se condicionantes para a autorização da ampliação do parque.

Outros exemplos são dados por Canter e Atkinson (2010), também nos Estados Unidos. Em um plano de operação de um sistema de 49 barragens e reservatórios no Vale do Tennessee, o estudo de impacto ambiental programático (uma espécie de avaliação ambiental estratégica) e sua subsequente aprovação (*record of decision*) estabeleceram metas mensuráveis de gestão de recursos hídricos, com flexibilidade para os operadores gerirem seus empreendimentos de maneira a atingir as metas, que incluíam a manutenção de determinada vazão mínima em pontos especificados, a manutenção da cota de certos reservatórios em níveis preestabelecidos, entre outras. A decisão também determinou a execução de um programa regional de monitoramento de certos componentes selecionados cujos resultados seriam "usados em certas decisões operacionais" (p. 294).

Portanto, a gestão adaptativa para impactos cumulativos requer monitoramento e arranjos institucionais entre as partes envolvidas. A gestão é grandemente facilitada se houver cooperação ou colaboração entre as partes. Seu uso e chance de sucesso também dependem do contexto dentro do qual são avaliados os impactos cumulativos e da prevalência de condições propícias à cooperação ou colaboração por longos períodos. Quando a avaliação de impactos é "orientada à aprendizagem" (Johnson; Ray, 2021, p. 152), a gestão adaptativa contribui para o avanço do conhecimento, a aprendizagem social e a aprendizagem organizacional, propiciando melhoria contínua.

7.3 Pontos de destaque

- A mitigação de impactos de cada projeto isoladamente pode não ser suficiente para manter os impactos cumulativos dentro de limites aceitáveis.
- Para mitigar impactos cumulativos, ou seja, prover "soluções cumulativas", é preciso trabalhar ao longo de todo o espectro da hierarquia de mitigação, em conjunto e de maneira coordenada entre os proponentes dos projetos avaliados e outros agentes.
- A implementação de medidas de mitigação de impactos cumulativos depende da atuação de vários agentes, sejam privados, públicos ou do terceiro setor, em redes, em cooperação ou em colaboração.
- O monitoramento é fundamental para verificar se as ações de gestão têm sucesso e indicar necessidades de mudança ou adaptação dos programas de gestão.
- O monitoramento de impactos cumulativos é facilitado quando há cooperação entre agentes.
- A gestão adaptativa é dificultada quando condições prescritivas estabelecidas em licenças são de difícil modificação.
- A gestão adaptativa é facilitada quando há cooperação ou colaboração entre partes envolvidas.

GLOSSÁRIO

Principais termos específicos à avaliação de impactos cumulativos empregados neste livro.

Base de referência
Linha de base utilizada para descrever a situação atual, a trajetória passada e a tendência futura de um componente selecionado. Os impactos cumulativos são avaliados como desvios da linha de base.

Bases móveis de referência
Linha de base utilizada para descrever a trajetória de um componente ambiental e social que foi continuamente modificada ao longo do tempo, de modo que a escolha da base de referência influencia a determinação da magnitude e da significância do impacto. Em inglês, *shifting baselines*.

Bioacumulação
Processo no qual substâncias químicas são retidas pelos organismos devido à exposição ambiental ou ingestão.

Biomagnificação
Aumento cumulativo da concentração de substâncias químicas persistentes em níveis tróficos sucessivamente mais altos, até o topo da cadeia alimentar.

Cenário
Situação futura plausível, fundamentada em hipóteses coerentes e explícitas.

Cenário contrafactual
Situação esperada no futuro se não for implementada determinada ação ou projeto. Situação de um componente ambiental ou social sem a perturbação causada pelo projeto, conjunto de projetos ou plano em análise.

Cenário de avaliação
Cenário construído para avaliação de impactos cumulativos.

Colaboração
Abordagem de gestão na qual um grupo diverso de partes interessadas e funcionalmente autônomas se junta para deliberar, construir consensos e desenvolver redes para tomar decisões em conjunto (Margerum, 2021, p. 313).

Componente
Uma parte do meio ambiente destacada para fins analíticos, ou seja, qualquer recurso ambiental, bem cultural, infraestrutura, sistema socioecológico ou agrupamento humano que possa ser receptor de impactos cumulativos. Para fins de avaliação de impacto cumulativo, componente e receptor são considerados sinônimos.

Componente selecionado
Componente ambiental ou social escolhido, mediante aplicação de critérios explícitos e bem fundamentados, para a avaliação de impactos cumulativos.

Consulta pública
Modalidade de participação pública que visa colher opiniões, preocupações e contribuições sobre determinada questão.

Cooperação
Troca de informações, ajuste de atividades realizadas por diferentes entidades e partilha de certos recursos para atingir um objetivo comum (Camarinha-Matos; Afsarmanesh, 2008).

Diagnóstico analítico
Tipo de diagnóstico socioambiental que explica a trajetória dos componentes ambientais e sociais selecionados, identifica os principais indutores de

mudança, ao longo do tempo, que levaram à condição atual do componente, e analisa se tal condição é sustentável.

Engajamento (de partes interessadas)
Conjunto de atividades em um processo contínuo de interação entre os proponentes de projetos ou planos e as partes interessadas.

Gestão adaptativa
Processo planejado e sistemático para a melhoria das práticas de gestão ambiental por meio da aprendizagem sobre seus resultados (CEAA, 2016). Em inglês, *adaptive management*.

Impacto incremental
A contribuição de um projeto, grupo de projetos, plano ou programa para o acúmulo de impactos em determinado componente ambiental ou social. Também chamado de impacto adicional.

Impactos aditivos
Impactos que se acumulam sobre determinado componente ambiental ou social de modo a aumentar sua intensidade, duração ou extensão espacial, resultando em impactos de maior magnitude.

Impactos cumulativos
Impactos que resultam de impactos aditivos causados por outras ações – do passado, do presente ou razoavelmente previsíveis – juntamente com o projeto, plano ou programa em análise, e de efeitos sinérgicos recorrentes da interação entre os impactos de um projeto, plano ou programa sobre diferentes componentes do ambiente (adaptado de Broderick; Durning; Sánchez, 2018, p. 650).

Impactos sinérgicos
Impactos que interagem sobre determinado componente ambiental ou social resultando em outro impacto.

Indutores de mudança
Também chamados de forças de mudança, motores de mudança ou estressores, são os processos socioeconômicos que impulsionam mudanças no ambiente ou

na sociedade e afetam os componentes ambientais e sociais. Em inglês, *drivers of change* ou *stressors*.

Instalações associadas
Quaisquer estruturas necessárias à construção ou ao pleno funcionamento de um empreendimento, mesmo que possuídas ou operadas por terceiros. Em inglês, *associated facilities* ou *ancillary installations*.

Limiar
O ponto além do qual a resiliência de um componente ambiental ou social seria ultrapassada. Em inglês, *threshold*.

Condição na qual pequenas mudanças podem ter grandes efeitos, levando a caminhos qualitativamente diferentes de desenvolvimento. Quebra abrupta entre estados alternativos de um sistema (Berkes, 2023).

Limiar de significância
Nível de alteração da condição de determinado componente ambiental ou social acima do qual o impacto é considerado significativo.

Limiar regulatório
Alteração admissível na condição de um componente ambiental ou social determinada por via legal, a exemplo de padrões de qualidade do ar ou da água.

Limite aceitável de mudança
Nível de alteração da condição de determinado componente ambiental ou social considerado tolerável pelas partes interessadas.

Magnitude
Descrição ou caracterização da intensidade, duração e extensão espacial de um impacto.

Partes interessadas
Indivíduos, grupos ou instituições com participação ou interesse em um projeto ou plano, que possam ser afetados ou beneficiados ou ter algum interesse

no desenvolvimento ou nos resultados do projeto ou plano (Kvam, 2017). Em inglês, *stakeholders*.

Projeto pioneiro
Projeto de aproveitamento econômico de recursos naturais, usualmente de grande porte, industriais, de infraestrutura ou outros, que propicia, induz ou alavanca a instalação de outros projetos ou o desenvolvimento de outras atividades econômicas. Em inglês, *growth-inducing infrastructure*.

Receptor
O mesmo que componente: uma parte do meio ambiente destacada para fins analíticos.

Resiliência
Propriedade de um sistema que se refere à magnitude da mudança que pode suportar sem mudar para outro estado com diferentes propriedades estruturais e funcionais (Resilience Alliance, 2023).

Tendência
Trajetória futura esperada do componente ambiental ou social selecionado na ausência do projeto ou conjunto de projetos em análise.

Vulnerabilidade
Sensibilidade aos riscos ou às pressões decorrentes de ações ou processos externos.

Vulnerabilidade de um componente ambiental ou social
Sensibilidade ou suscetibilidade do componente aos impactos e riscos causados pelo projeto, grupo de projetos ou plano em análise, juntamente com outros indutores de mudança.

REFERÊNCIAS BIBLIOGRÁFICAS

AASHTO – AMERICAN ASSOCIATION OF STATE HIGHWAY AND TRANSPORTATION OFFICIALS. *Assessing Indirect Effects and Cumulative Impacts Under NEPA*. AASHTO Practitioners Handbook 12. Washington, D.C.: AASHTO, 2016.

ACREMAN, M.; CASIER, R.; SALATHE, T. Evidence-based risk assessment of ecological damage due to groundwater abstraction; the case of Doñana natural space, Spain. *Wetlands*, v. 42, n. 63, 2022.

ALCAMO, J. *Scenarios as tools for international environmental assessments*. Copenhagen: European Environment Agency, 2001.

AMER, M.; DAIM, T. U.; JETTER, A. A review of scenario planning. *Futures*, v. 46, p. 23-40, 2013.

ARNOLD, L. M.; HANNA, K.; NOBLE, B.; GERGEL, S. E.; NIKOLAKIS, W. Assessing the cumulative social effects of projects: lessons from Canadian hydroelectric development. *Environmental Management*, v. 69, p. 1035-1048, 2022.

ATHAYDE, S.; DUARTE, C. G.; GALLARDO, A. L. C. F.; MORETTO, E. M.; SANGOI, L. A.; DIBO, A. P. A.; SIQUEIRA-GAY, J.; SÁNCHEZ, L. E. Improving policies and instruments to address cumulative impacts of small hydropower in the Amazon. *Energy Policy*, v. 132, p. 265-271, 2019.

BAXTER, W.; ROSS, W. A.; SPALING, H. Improving the practice of cumulative effects assessment in Canada. *Impact Assessment and Project Appraisal*, v. 19, n. 4, p. 253-26, 2001.

BEANLANDS, G. E.; DUINKER, P. N. *An Ecological Framework for Environmental Impact Assessment in Canada*. Halifax: Dalhousie University, 1983.

BEANLANDS, G. E. Forecasts, uncertainties and the scientific contents of environmental impact assessment. In: SÁNCHEZ, L. E. (org.). *Avaliação de impacto ambiental: situação atual e perspectivas*. São Paulo: Escola Politécnica da USP, p. 59-69, 1993.

BERKES, F. *Advanced Introduction to Resilience*. Cheltenham: Edward Elgar, 2023.

BÉRUBÉ, M. Cumulative effects assessment at Hydro-Québec: what have we learned? *Impact Assessment and Project Appraisal*, v. 25, n. 2, p. 101-109, 2007.

BID – BANCO INTERAMERICANO DE DESENVOLVIMENTO. *Quadro de políticas ambientais e sociais*. Washington, D.C.: BID, 2020.

BISINOTI, M. C.; JARDIM, W. F. O comportamento do metilmercúrio (metilHg) no ambiente. *Química Nova*, v. 27, n. 4, p. 593-600, 2004.

BLAKLEY, J.; NOBLE, B. Assessing cumulative effects in regional and strategic assessment. In: BLAKLEY, J.; FRANKS, D. (ed.). *Handbook of Cumulative Impact Assessment*. Cheltenham: Edward Elgar, p. 158-173, 2021.

BLAKLEY, J.; NOBLE, B.; MACLEAN, J. The scope and focus of cumulative effects and regional assessment. In: DOELLE, M.; SINCLAIR, A. J. (ed.). *The Next Generation of Impact Assessment: a Critical Review of the Canadian Impact Assessment Act*. Toronto: Irwin Law, p. 241-256, 2021.

BLAKLEY, J.; RUSSELL, J. International progress in cumulative effects assessment: a review of academic literature 2008-2018. *Journal of Environmental Planning and Management*, v. 65, n. 2, p. 186-215, 2021.

BORIONI, R.; GALLARDO, A. L. C. F.; SÁNCHEZ, L. E. Advancing scoping practice in environmental impact assessment: an examination of the Brazilian federal system. *Impact Assessment and Project Appraisal*, v. 35, n. 3, p. 200-213, 2017.

BRAGAGNOLO, C.; GENELETTI, D. Dealing with land use decisions in uncertain contexts: a method to support Strategic Environmental Assessment of spatial plans. *Journal of Environmental Planning and Management*, v. 51, n. 1, p. 50-77, 2014.

BRASIL. Decreto Federal n° 6660, de 21 de novembro de 2008. Regulamenta dispositivos da Lei n° 11.428, de 22 de dezembro de 2006, que dispõe sobre a utilização e proteção da vegetação nativa do bioma Mata Atlântica. *Diário Oficial da União*, Brasília, DF, p. 1, 24 nov. 2008.

BRASIL. Ministério do Meio Ambiente. Portaria Interministerial n° 60, de 24 de março de 2015. Estabelece procedimentos administrativos que disciplinam a atuação dos órgãos e entidades da administração pública federal em processos de licenciamento ambiental de competência do Instituto Brasileiro do Meio Ambiente e dos Recursos Naturais Renováveis – IBAMA. *Diário Oficial da União*, Brasília, DF, 25 mar. 2015. Seção 1, n. 57.

BRODERICK, M.; DURNING, B.; SÁNCHEZ, L. E. Cumulative Effects. In: THERIVEL, R.; WOOD, G. (ed.). *Methods of Environmental and Social Impact Assessment*. 4 ed. New York: Routledge, p. 649-677, 2018.

BROWNLIE, S.; KING, N.; TREWEEK, J. Biodiversity tradeoffs and offsets in impact assessment and decision making: can we stop the loss? *Impact Assessment and Project Assessment*, v. 31, n. 1, p. 24-33, 2013.

BULL, J. W.; GORDON, A.; LAW, E. A.; SUTTLE, K. B.; MILNER-GULLAND, E. J. Importance of baseline specification in evaluating conservation interventions and achieving no net loss of biodiversity. *Conservation Biology*, v. 28, p. 799-809, 2014.

CADA, G. F.; HUNSAKER, C. T. Cumulative impacts of hydropower development: reaching a watershed in impact assessment. *The Environmental Professional*, v. 12, p. 2-8, 1990.

CALIFORNIA. California Code of Regulations. *Mandatory Findings of Significance*. Division 6, Chapter 3, Article 5, Title 14, § 15065, 2023a. Disponível em: https://www.law.cornell.edu/regulations/california/14-CCR-15065.

CALIFORNIA. California Code of Regulations. *Thresholds of Significance*. Division 6, Chapter 3, Article 5, Title 14, § 15064.7, 2023b. Disponível em: https://www.law.cornell.edu/regulations/california/14-CCR-15064.7.

CALTRANS – CALIFORNIA DEPARTMENT OF TRANSPORTATION. *Guidance for Preparers of Cumulative Impact Analysis. Approach and Guidance*. Califórnia: Caltrans, 2005.

CAMARINHA-MATOS, L. M.; AFSARMANESH, H. Concept of collaboration. *In*: PUTNIK, G. D.; CUNHA, M. M. (ed.) *Encyclopedia of Networked and Virtual Organizations*. London: IGI Global, p. 311-315, 2008.

CANTER, L. *Cumulative Effects Assessment and Management*: Principles, Processes and Practices. Horsehoe Bay: EIA Press, 2015.

CANTER, L.; ATKINSON, S. F. Adaptive management with integrated decision making: an emerging tool for cumulative effects management. *Impact Assessment and Project Appraisal*, v. 28, n. 4, p. 287-297, 2010.

CANTER, L.; ROSS, W. State of practice of cumulative effects assessment: the good, the bad and the ugly. *Impact Assessment and Project Appraisal*, v. 28, n. 4, p. 261-268, 2010.

CÁRDENAS, I. C.; HALMAN, J. I. M. Coping with uncertainty in environmental impact assessments: Open techniques. *Environmental Impact Assessment Review*, v. 60, p. 24-39, 2016.

CARPENTER, S.; WALKER, W.; ANDERIES, J. M.; ABEL, N. From metaphor to measurement: Resilience of what to what? *Ecosystems*, v. 4, p. 765-781, 2001.

CASTRO, N. O.; MOSER, G. A. O. Florações de algas nocivas e seus efeitos ambientais. *Oecologia Australis*, v. 16, n. 2, p. 235-264, 2012.

CBD – CONVENTION ON BIOLOGICAL DIVERSITY. *Kunming-Montreal Global Biodiversity Framework*. Montreal, Canada: United Nations, 2022.

CEAA – CANADIAN ENVIRONMENTAL ASSESSMENT AGENCY. *Adaptive Management Measures under the Canadian Environmental Assessment Act*. Operational Policy Statement. Ottawa: CEAA, 2016.

CEAA – CANADIAN ENVIRONMENTAL ASSESSMENT AGENCY. *Technical guidance for assessing cumulative environmental effects under the Canadian Environmental Assessment Act, 2012*. Draft. Ottawa: CEAA, 2014.

CEAA – CANADIAN ENVIRONMENTAL ASSESSMENT AGENCY. *Technical guidance for assessing cumulative environmental effects under the Canadian Environmental Assessment Act*. Interim Technical Guidance. Ottawa: CEAA, 2018.

CEARC – CANADIAN ENVIRONMENTAL ASSESSMENT RESEARCH COUNCIL; USNRC – UNITED STATES NATIONAL RESEARCH COUNCIL. *Proceedings of the Workshop on Cumulative Environmental Effects: A Binational Perspective*. Ottawa, 1986.

CETESB – COMPANHIA AMBIENTAL DO ESTADO DE SÃO PAULO. *Qualidade do ar no Estado de São Paulo 2021*. São Paulo: Cetesb, 2022.

COUTO, T. B. A.; OLDEN, J. D. Global proliferation of small hydropower plants – science and policy. *Frontiers in Ecology and the Environment*, v. 16, n. 2, p. 91-100, 2018.

DAES CONSULTORES. *Proyecto Hidreléctrico Alto Maipo, Evaluación de Efectos Acumulativos*. AES Gener, 2013.

DIBO, A. P. A. *Avaliação de impactos cumulativos para biodiversidade*: uma proposta de quadro de referência no contexto da avaliação de impacto ambiental de projetos. 2018. Tese (Doutorado) – Escola Politécnica da Universidade de São Paulo, 2018.

DIBO, A. P.; NOBLE, B.; SÁNCHEZ, L. E. Perspectives on driving changes in project-based cumulative effects assessment for biodiversity: lessons from the Canadian experience. *Environmental Management*, v. 62, n. 5, p. 929-941, 2018.

DÖLL, P.; HAUSCHILD, M. Model-based scenarios of water use in two semi-arid Brazilian states. *Regional Environmental Change*, v. 2, p. 150-162, 2002.

DUARTE, C. G.; DIBO, A. P. A.; SIQUEIRA-GAY, J.; SÁNCHEZ, L. E. Practitioners' perceptions of the Brazilian environmental impact assessment system: results from a survey. *Impact Assessment and Project Appraisal*, v. 35, n. 4, p. 293-309, 2017.

DUARTE, C. G. D.; SÁNCHEZ, L. E. Addressing significant impacts coherently in environmental impact statements. *Environmental Impact Assessment Review*, v. 82, 106673, 2020.

DUINKER, P. N.; BURBRIDGE, E. L.; BOARDLEY, S. R.; GREIG, L. A. Scientific dimensions of cumulative effects assessment: toward improvements in guidance for practice. *Environmental Reviews*, v. 21, p. 40-52, 2013.

DUINKER, P. N.; GREIG, L. A. Scenario planning in cumulative effects assessment. In: BLAKLEY, J.; FRANKS, D. (ed.). *Handbook of Cumulative Impact Assessment*. Cheltenham: Edward Elgar, 2021. p. 92-105.

EAKIN, H.; LUERS, A. L. Assessing the vulnerability of social-environmental systems. *Annual Review of Environment and Resources*, v. 31, p. 365-394, 2006.

EBERHARD, R.; JOHNSTON, N.; EVERINGHAN, J. A collaborative approach to address the cumulative impacts of mine-water discharge: negotiating a cross-sectoral waterway partnership in the Bowen Basin, Australia. *Resources Policy*, v. 38, p. 678-687, 2013.

EIB – EUROPEAN INVESTMENT BANK. *Environmental and Social Standards*. Luxembourg: EIB, 2018.

ELLSTRAND, N. C.; ELAM, D. R. Population genetic consequences of small population size: implications for plant conservation. *Annual Review of Ecology and Systematics*, v. 24, p. 217-242, 1993.

ENRÍQUEZ-DE-SALAMANCA, A. Project splitting in environmental impact assessment. *Impact Assessment and Project Appraisal*, v. 14, n. 2, p. 152-159, 2016.

ENVIRONMENT CANADA. *The state of Canada's environment*. Ottawa: Government of Canada, 1991.

ERKENS, G.; BUCX, T.; DAM, R.; DE LANGE, G.; LAMBERT, J. Sinking coastal cities. *Proceedings of the International Association of Hydrological Science*, v. 372, p. 189-195, 2015.

ERM. *Simandou Social and Environmental Impact Assessment*. v. 4. [S. l.]: PW&CIA, 2012.

EVANS, J. S.; KIESECKER, J. M. Shale gas, wind and water: assessing the potential cumulative impacts of energy development on ecosystem services within the Marcellus Play. *PLoSOne*, v. 9, n. 2, e89210, 2014.

FERNANDES, T. N.; SANTOS, F. M. G.; GONTIJO, F. D.; SILVA FILHO, J. A.; CASTILHO, A. F.; SÁNCHEZ, L. E. Mainstreaming flora conservation strategies into the mitigation hierarchy to strengthen environmental impact assessment. *Environmental Management*, v. 71, p. 483-493, 2023.

FERRANTE, L.; ANDRADE, M. B. T.; FEARNSIDE, P. Land grabbing on Brazil's Highway BR-319 as a spearhead for Amazonian deforestation. *Land Use Policy*, n. 108, 105559, 2021.

FERREIRA, L. S.; MARQUITTI, F. M. D.; SILVA, R. L. P.; BORGES, M. E.; GOMES, M. F. C.; CRUZ, O. G.; KRAENKEL, R. A.; COUTINHO, R. M.; PRADO, P. I.; BASTOS, L. S. Estimating the impact of implementation and timing of the COVID-19 vaccination programme in Brazil: a counterfactual analysis. *The Lancet Regional Health – Americas*, v. 17, 100397, 2023.

FISCHER, T.; FONSECA, A.; GEISSLER, G.; JHA-TAKUR, U.; RETIEF, F.; ALBERTS, R.; JIRICKA-PÜRRER, A. Simplification of environmental and other impact assessments - results from an international online survey. *Impact Assessment and Project Appraisal*, v. 41, p. 181-189, 2023.

FOLCHI, M.; GODOY, F. La disputa de significados en torno al Proyecto Hidroeléctrico Alto Maipo (Chile, 2007-2015). *Historia Ambiental Lationoamericana y Caribeña (HALAC) Revista De La Solcha*, v. 6, n. 1, p. 86-104, 2016.

FOLKE, C. Resilience. In: *Oxford Research Encyclopedia on environmental science*, 2016. [on-line].

FRANKS, D.; BRERETON, D.; MORAN, C.; SARKER, T.; COHEN, T. *Cumulative Impacts*. A Good Practice Guidance for the Australian Coal Mining Industry. Brisbane: Sustainable Minerals Institute, 2010.

FRANKS, D.; BRERETON, D.; MORAN, C. The cumulative dimensions of impact in resource regions. *Resources Policy*, v. 38, p. 640-647, 2013.

GODET, M. *From the anticipation to action:* A handbook of strategic prospective. Paris: Unesco Publishing, 1994.

GOULSON, D.; NICHOLLS, E.; BOTÍAS, C.; ROTHERAY, E. L. Bee declines driven by combined stress from parasites, pesticides, and lack of flowers. *Science*, v. 347, p. 1255957, 2015.

GOVERNMENT OF SASKATCHEWAN. *Great Sand Hills Regional Environmental Study*. 2007.

GRANT, D.; ZELINKA, D.; MITOVA, S. Reducing CO_2 emissions by targeting the world's hyper-polluting power plants. *Environmental Research Letters*, v. 16, 094022, 2021.

HALLMANN, C. A.; SORG, M.; JONGEJANS, E.; SIEPEL, H.; HOFLAND, N.; SCHWAN, H.; STENMANS, W.; MÜLLER, A.; SUMSER, H.; HÖRREN, T. *et al*. More than 75 percent decline over 27 years in total flying insect biomass in protected areas. *PLoS One*, v. 12, e0185809, 2017.

HEGMANN, G. The challenges of cumulative effects assessment at project level. *In*: BLAKLEY, J.; FRANKS, D. (ed.). *Handbook of Cumulative Impact Assessment*. Cheltenham: Edward Elgar, 2021. p. 62-73.

HEGMANN, G.; COCKLIN, C.; CREASEY, R.; DUPUIS, S.; KENNEDY, A.; KINGSLEY, L.; ROSS, W.; SPALING, H.; STALKER, D. *Cumulative effects assessment practitioners guide*. Ottawa: Canadian Environmental Assessment Agency, 1999.

HIMMELMAN, A. T. On coalitions and the transformation of power relations: Collaborative betterment and collaborative empowerment. *American Journal of Community Psychology*, v. 29, n. 2, p. 277-284, 2001.

HOLLING, C. S. *Adaptive Environmental Assessment and Management*. Chichester, UK: John Wiley and Sons, 1978.

HURWITZ, Z.; KREMER, C.; SOSA, M.; GAVIANO, A.; CHAVEZ, S.; LANGSTROHT, R.; LÓPEZ, A.; GONZÁLEZ, G. *Memória síntesis del estudio socio-ambiental estratégico para el desarrollo de proyectos sostenibles de infraestructura en el Chaco paraguayo*. Nota Técnica IDB-TN-2520. BID, 2022.

IFC – INTERNATIONAL FINANCE CORPORATION. *Stakeholder Engagement*: A Good Practice Handbook for Companies Doing Business in Emerging Markets. Washington, DC: IFC, 2007.

IFC – INTERNATIONAL FINANCE CORPORATION. *Notas de Orientação da Corporação Financeira Internacional*: Padrões de Desempenho de Sustentabilidade Ambiental e Social. Washington, DC: IFC, 2012a.

IFC – INTERNATIONAL FINANCE CORPORATION. *Padrões de Desempenho de Sustentabilidade Ambiental e Social*. Washington, DC: IFC, 2012b.

IFC – INTERNATIONAL FINANCE CORPORATION. *Cumulative Impact Assessment and Management*. Guidelines for the Private Sector in Emerging Markets. Washington, DC: IFC, 2013.

IFC – INTERNATIONAL FINANCE CORPORATION. *Gulpur Hydro Project*: Environmental and Social Review Summary. Washington, DC: IFC, 2015. Disponível em: https://disclosures.ifc.org/project-detail/SII/32874/gulpur-hydro.

IFC – INTERNATIONAL FINANCE CORPORATION. *Tafila Region Wind Power Projects*. Cumulative Effects Assessment. Washington, DC: IFC, 2017.

IFC – INTERNATIONAL FINANCE CORPORATION. *Cumulative Impact Assessment and Management*: Hydropower development in the Thishuli River Basin, Nepal. Washington, DC: IFC, 2020.

IFC – INTERNATIONAL FINANCE CORPORATION. *Strategy for Sustainable Hydropower Development in the Jhelum Poonch River Basin Pakistan*. Washington, DC: IFC, 2021.

IPBES – INTERGOVERNMENTAL SCIENCE-POLICY PLATFORM ON BIODIVERSITY AND ECOSYSTEM SERVICES. *Glossary*. 2021. Disponível em: https://ipbes.net/glossary.

IPBES – INTERGOVERNMENTAL SCIENCE-POLICY PLATFORM ON BIODIVERSITY AND ECOSYSTEM SERVICES. *The Methodological Assessment Report on Scenarios and*

Models of Biodiversity and Ecosystem Services. Summary for Policy Makers. Germany: IPBES, 2016.

IPCC – INTERGOVERNMENTAL PANEL ON CLIMATE CHANGE. Summary for Policymakers. In: SHUKLA, P. R.; SKEA, J.; SLADE, R.; AL KHOURDAJIE, A.; VAN DIEMEN, R.; MCCOLLUM, D.; PATHAK, M.; SOME, S.; VYAS, P.; FRADERA, R.; BELKACEMI, M.; HASIJA, A.; LISBOA, G.; LUZ, S.; MALLEY, J. (ed.). *Climate Change 2022*: mitigation of Climate Change. Contribution of Working Group III to the Sixth Assessment Report of the Intergovernmental Panel on Climate Change. Cambridge, UK; New York, NY, USA: Cambridge University Press, 2022.

JOHNSON, C. J.; VENTER, O.; RAY, J. C.; WATSON, J. E. M. Growth-inducing infrastructure represents transformative yet ignored keystone environmental decisions. *Conservation Letters*, v. 13, e12696, 2020.

JOHNSON, C.; RAY, J. C. The challenges and opportunities of applying ecological thresholds to environmental assessment decision-making. In: BLAKLEY, J.; FRANKS, D. (ed.). *Handbook of Cumulative Impact Assessment*. Cheltenham: Edward Elgar, p. 140-157, 2021.

JOSEPH, C.; GUNTON, T. I.; HOFFELE, J.; BALDWIN, M. Improving cumulative effects assessment: alternative approaches based upon an expert survey and literature review. *Impact Assessment and Project Appraisal*, v. 41, n. 2, p. 162-164, 2023.

JOSEPH, C.; ZEEG, T.; ANGUS, D.; USBORNE, A.; MUTRIE, E. Use of significance thresholds to integrate cumulative effects into project-level socio-economic impact assessment in Canada. *Environmental Impact Assessment Review*, v. 67, p. 1-9, 2017.

KIESECKER, J. M.; EVANS, J. S.; FARGIONE, J.; DOHERTY, K.; FORESMAN, K. R.; KUNZ, T. H.; NAUGLE, D.; NIBBELINK, N. P.; NIEMUTH, N. D. Win-Win for Wind and Wildlife: A Vision to Facilitate Sustainable Development. *PLoS ONE*, v. 6, n. 4, e17566, 2011.

KIESECKER, J. M.; SOCHI KEI, H. M.; MCKENNEY, B.; EVANS, J.; COPELAND, H. Development by Design: Using a Revisionist History to Guide a Sustainable Future. In: LEVIN, S. A. (ed.). *Encyclopedia of Biodiversity*. 2 ed. Waltham, MA: Academic Press, v. 2, p. 495-507, 2013.

KLEYNHANS, C. J. A qualitative procedure for the assessment of the habitat integrity status of the Luvuvhu River (Limpopo system, South Africa). *Journal of Aquatic Ecosystem Health*, v. 5, p. 41-54, 1996.

KLEYNHANS, C. J. The development of a fish index to assess the biological integrity of South African rivers. *Water SA*, v. 25, p. 265-278, 1999.

KIBLER, K. M.; TULLOS, D. D. Cumulative biophysical impacts of small and large hydropower development in Nu River, China. *Water Resources Research*, v. 49, p. 3104-3118, 2013.

KUMAR, S.; GOPAL, K. Impact of distillery effluent on physiological consequences in the freshwater teleost *Channa puctatus*. *Bulletin of Environmental Contamination and Toxicology*, v. 66, n. 5, p. 617-622, 2001.

KVAM, R. *Consulta Significativa às Partes Interessadas*. Washington, DC: Banco Interamericano de Desenvolvimento, 2017.

LAURANCE, W. F.; COCHRANE, M. A.; BERGEN, S.; FEARNSIDE, P. M.; DELAMÔNICA, C.; BARBER, C.; D'ÂNGELO, S.; FERNANDES, T. The future of Brazilian Amazon. *Science*, v. 291, p. 438-439, 2001.

LAURANCE, W. F.; GOOSEM, M.; LAURANCE, S. G. W. Impacts of roads and linear clearings on tropical forests. *Trends in Ecology & Evolution*, v. 24, p. 659-669, 2009.

LEVETT-THERIVEL SUSTAINABILITY CONSULTANTS. *Good Practice Guidance on Cumulative Effects Assessment in Strategic Environmental Assessment*. Wexford, Ireland: EPA, 2020.

LOCKWOOD, M.; DAVISON, J.; CURTIS, A.; STRATFORD, E.; GRIFFITH, R. Governance principles for natural resource management. *Society and Natural Resources*, v. 23, n. 10, p. 986-1001, 2010.

LOXTON, E. A.; SCHIMER, J.; KANOWSKI, P. Exploring the social dimensions and complexity of cumulative impacts: a case study of forest policy changes in Western Australia. *Impact Assessment and Project Appraisal*, v. 31, n. 1, p. 52-63, 2013.

LYDIAN INTERNATIONAL. *Amulsar Gold Mine project Environmental and Social Impact Assessment*, version 10. June 2016.

MACDONALD, L. H. Evaluating and managing cumulative effects: process and constraints. *Environmental Management*, v. 26, n. 3, p. 299-315, 2000.

MARGERUM, R. D. The limitations of utilizing collaborative governance for cumulative effects assessment and management. In: BLAKLEY, J.; FRANKS, D. (ed.). *Handbook of Cumulative Impact Assessment*. Cheltenham: Edward Elgar, p. 311-324, 2021.

MARINHO, J. F. U.; CORREIA, J. E.; MARCATO, A. C. D. C.; PEDRO-ESCHER, J.; FONTANETTI, C. S. Sugar cane vinasse in water bodies: impact assessed by liver histopathology in tilapia. *Ecotoxicology and Environmental Safety* v. 10, p. 239-24, 2014.

MCCOLD, L. N.; SAULSBURY, J. W. Including past and present impacts in cumulative impact assessments. *Environmental Management*, v. 20, n. 5, p. 767-776, 1996.

METZGER, J. P. Estrutura da paisagem e fragmentação: análise bibliográfica. *Anais da Academia Brasileira de Ciências*, v. 71, p. 445-461, 1999.

MORRISON-SAUNDERS, A.; ARTS, J.; POPE, J.; BOND, A.; RETIEF, F. Distilling best practice principles for public participation in impact assessment follow-up. *Impact Assessment and Project Appraisal*, v. 41, n. 1, p. 48-58, 2023.

MURRAY, C. C.; WONG, J.; SINGH, G. G.; MACH, M.; LERNER, J.; RANIERI, B.; ST-LAURENT, G. P.; GUIMARÃES, A.; CHAN, K. M. A. The insignificance of thresholds in environmental assessment: An illustrative case study in Canada. *Environmental Management*, v. 61, p. 1062-1071, 2018.

NERI, A. C.; DUPIN, P. C. SÁNCHEZ, L. E. A pressure-state-response approach to cumulative impact assessment. *Journal of Cleaner Production*, v. 126, p. 288-298, 2016.

NERI, A. C.; SÁNCHEZ, L. E.; ALVES, C. F. C. et al. Avaliação ambiental integrada das obras de descaracterização de barragens alteadas pelo método de montante no Estado de Minas

Gerais. São Paulo: Fundação para o Desenvolvimento Tecnológico da Engenharia, 2021.

NOBLE, B. *Introduction to Environmental Impact Assessment*: A guide to principles and practices. 3 ed. UK: Oxford University Press, 2015.

NOBLE, B.; LIU, J.; HACKETT, P. The contribution of project environmental assessment to assessing and managing cumulative effects: individually and collectively insignificant? *Environmental Management*, v. 59, p. 531-545, 2017.

OLSZYNSKI, M. Monitoring, follow-up, adaptive management, and compliance in the post-decision phase. In: DOELLE, M.; SINCLAIR, A. J. (ed.). *The Next Generation of Impact Assessment*: A Critical Review of the Canadian Impact Assessment Act. Toronto: Irwin Law, p. 346-371, 2021.

PÁEZ-ZAMORA, J. C.; QUINTERO, J. D.; SCOTT-BROWN, M. *Practical Guide for Cumulative Impact Assessment and Management in Latin America and the Caribbean*. Washington, DC: Interamerican Investment Corporation, 2023.

PARKINS, J. R. Deliberative democracy, institution building, and the pragmatics of cumulative effects assessment. *Ecology and Society*, v. 16, n. 3, 2011.

PAULY, D. Anecdotes and the shifting baseline syndrome of fisheries. *Trends in Ecology and Evolution*, v. 10, n. 10, 430, 1995.

PERDICOÚLIS, A.; PIPER, J. Network and system diagrams revisited: satisfying CEA requirements for causality analysis. *Environmental Impact Assessment Review*, v. 28, p. 455-468, 2008.

PETROBRÁS – PETRÓLEO BRASILEIRO S.A. *Projeto de Avaliação de Impactos Cumulativos*. Relatório Final de Avaliação de Impactos Cumulativos, Litoral Norte/SP, março 2021.

PORTER, M. E. *Vantagem competitiva*. Rio de Janeiro: Campus, 1996.

RENEWABLE UK. *Cumulative Impact Assessment Guidelines*. London: Renewable UK, 2013.

RESILIENCE ALLIANCE. Key concepts. *Resilience Alliance*, 2023. Disponível em: https://www.resalliance.org/key-concepts.

RIGAL, S.; DAKOS, V.; ALONSO, H.; DEVICTOR, V. et al. Farmland practices are driving bird population decline across Europe. *Proceedings of the National Academy of Science*, v. 120, n. 21, e2216573120, 2023.

RIO TINTO. *Simandou Social and Environmental Impact Assessment*. v. 4. PW&CIA, 2012.

RIST, L.; CAMPBELL, B. M.; FROST, P. Adaptive management: where are we now? *Environmental Conservation*, v. 40, n. 1, p. 5-18, 2012.

ROSA, J. C. S.; CAMPOS, P. B. R.; NASCIMENTO, C. B.; SOUZA, B. A.; VALETICH, R.; SÁNCHEZ, L. E. Enhancing ecological connectivity through biodiversity offsets to mitigate impacts on habitats of large mammals in tropical forest environments. *Impact Assessment and Project Appraisal*, jul. 2022.

ROSS, W. A. Assessing cumulative environmental effects: Both impossible and essential. In: KENNEDY, A. (org.). *Cumulative Effects Assessment in Canada*: From Concept to Practice. Edmonton: Alberta Association of Professional Biologists, p. 3-9, 1994.

ROSS, W. A. Cumulative effects assessment: Learning from Canadian case studies. *Impact Assessment and Project Appraisal*, v. 16, p. 267-276, 1998.

SÁNCHEZ, L. E. *Avaliação de impacto ambiental*: conceitos e métodos. 3 ed. São Paulo: Oficina de Textos, 2020.

SÁNCHEZ, L. E.; ALGER, K.; ALONSO, L.; BARBOSA BRITO, M. C.; LAUREANO, F.; MAY, P.; ROESER, H.; KAKABADSE, Y. *Os impactos do rompimento da Barragem de Fundão*. Gland: International Union for Conservation of Nature, 2018.

SÁNCHEZ, L. E.; BRANDT, W.; NERI, A. C.; DUPIN, P. C.; WEBER, W.; CASTRO, A.; BRITO, M. *Análise dos impactos ambientais cumulativos dos empreendimentos mínero-metalúrgicos da região de Congonhas, MG*. Belo Horizonte: Fundação Alexander Brandt, 2014.

SANTO, E. L.; SÁNCHEZ, L. E. GIS applied to determine environmental impact indicators made by sand mining in a floodplain in Eastern Brazil. *Environmental Geology*, v. 41, p. 628-637, 2002.

SCHIESARI, R.; WAICHMAN, A.; BROCK, T.; ADAMS, C.; GRILLITSCH, B. Pesticide use and biodiversity conservation in the Amazonian agricultural frontier. *Transactions of the Royal Society of London B*, v. 368, 20120378, 2013.

SINCLAIR, J. A.; DOELLE, M.; DUINKER, P. Looking up, down, and sideways: Reconceiving cumulative effects assessment as a mindset. *Environmental Impact Assessment Review*, n. 62, p. 183-194, 2017.

SINCLAIR, A. J.; DOELLE, M. Entering the next generation of impact assessment in Canada. In: DOELLE, M.; SINCLAIR, A. J. (ed.). *The Next Generation of Impact Assessment: A Critical Review of the Canadian Impact Assessment Act*. Toronto: Irwin Law, p. 513-526, 2021.

SINCLAIR, L.; POPE, J.; HOLCOMBE, S.; HAMBLIN, L.; PERSHKE, D.; STANDISH, R. J.; KRAGT, M. E.; HASLAM-MCKENZIE, F.; SUBROY, V.; YOUNG, R. E. *Towards a Framework for Regional Cumulative Impact Assessment*. Perth, Australia: CRC TiME Limited, 2022.

SIQUEIRA-GAY, J.; SÁNCHEZ, L. E. Keep the Amazon niobium in the ground. *Environmental Science and Policy*, v. 111, p. 1-6, 2020.

SIQUEIRA-GAY, J.; SÁNCHEZ, L. E. Considering counterfactual scenarios in conservation planning: perspectives from a biodiverse mining area in the Atlantic Forest. *Perspectives in Ecology and Conservation*, v. 20, p. 401-407, 2022.

SIQUEIRA-GAY, J.; SÁNCHEZ, L. E.; METZGER, J. P.; SONTER, L. J. Strategic planning to mitigate mining impacts on protected areas in the Brazilian Amazon. *Nature Sustainability*, v. 5, p. 853-860, 2022a.

SIQUEIRA-GAY, J.; SANTOS, D.; NASCIMENTO JR., W. R.; SOUZA-FILHO, P. W. M.; SÁNCHEZ, L. E. Investigating Changes Driving Cumulative Impacts on Native Vegetation in Mining Regions in the Northeastern Brazilian Amazon. *Environmental Management*, v. 69, n. 2, p. 438-448, 2022b.

SMIT, B.; SPALING, H. Methods for cumulative effects assessment. *Environmental Impact Assessment Review*, v. 15, p. 81-106, 1995.

SMITH, R. G.; MAJUMDAR, S. Groundwater storage loss associated with land subsidence in Western United States mapped using machine learning. *Water Resources Research*, v. 56, n. 7, e2019WR026621, 2020.

SOARES-FILHO, B.; ALENCAR, A.; NEPSTAD, D.; CERQUEIRA, G.; DÍAZ, M. C. V.; RIVERO, S.; SOLÓRZANO, S.; VOLL, E. Simulating the response of land-cover changes to road paving and governance along a major Amazon highway: The Santarém-Cuiabá corridor. *Global Change Biology*, v. 10, p. 745-764, 2004.

SOGA, M.; GASTON, K. J. Shifting baseline syndrome: causes, consequences, and implications. *Frontiers in Ecology and the Environment*, v. 16, n. 4, p. 222-230, 2018.

SONNTAG, N. C.; EVERITT, R. R.; RATTIE, L. P.; COLNETT, D. L.; WOLF, C. P.; TRUETT, J. C.; DORCEY, A. H. J.; HOLLING, C. S. *Cumulative Effects Assessment: A Contex for Further Research and Development*. Ottawa: Canadian Environmental Assessment Research Council, 1987.

SONTER, L. J.; TOMSETT, N.; WU, D.; MARON, M. Biodiversity offsetting in dynamic landscapes: influence of regulatory context and counterfactual assumptions on achievement of no net loss. *Biological Conservation*, v. 206, p. 314-319, 2017.

SOUZA FILHO, P. W.; DE SOUZA, E. B.; SILVA JR., R. O.; NASCIMENTO JR., J. R.; MENDONÇA, B. R. V.; GUIMARÃES, J. T. V; DALL'AGNOL, R.; SIQUEIRA, J. O. Four decades of land-cover, land-use and hydroclimatology changes in the Itacaiúnas River watershed, southeastern Amazon. *Journal of Environmental Management*, v. 167, p. 175-184, 2016.

SOUZA JR., C. M.; SHIMBO, J. Z.; ROSA, M. R.; AZEVEDO, T. et al. Reconstructing three decades of land use and land cover changes in Brazilian biomes with Landsat archive and Earth Engine. *Remote Sensing*, v. 12, n. 17, 2735, 2020.

SPALING, H. Cumulative effects assessment: concepts and principles. *Impact Assessment*, v. 12, n. 3, p. 213-251, 1994.

STANTON, R. L.; MORRISSEY, C. A.; CLARK, R. G. Analysis of trends and agricultural drivers of farmland bird declines in North America: a review. *Agriculture, Ecosystems & Environment*, v. 254, p. 244-254, 2018.

THÉRIVEL, R.; BLAKEY, J.; TREWEEK, J. Mitigating cumulative biodiversity impacts. In: BLAKLEY, J.; FRANKS, D. (ed.). *Handbook of Cumulative Impact Assessment*. Cheltenham: Edward Elgar, p. 191-212, 2021.

TORO, J.; DUARTE, O.; REQUENA, I.; ZAMORANO, M. Determining Vulnerability Importance in Environmental Impact Assessment: The case of Colombia. *Environmental Impact Assessment Review*, v. 32, p. 107-117, 2012.

TREVISAN, A. P.; VAN BELLEN, H. M. Avaliação de políticas públicas: uma revisão teórica de um campo em construção. *Revista de Administração Pública*, v. 43, n. 3, p. 529-550, 2008.

TUCCI, C. E. M.; MENDES, C. A. *Avaliação Ambiental Integrada de Bacia Hidrográfica*. Brasília: Ministério do Meio Ambiente, 2006.

UK PLANNING INSPECTORATE. *Advice Note Seventeen:* Cumulative effects assessment relevant to nationally significant infrastructure projects. UK: National Infrastructure Planning, 2019.

UN – UNITED NATIONS. General Assembly. *Draft agreement under the United Nations Convention on the Law of the Sea on the conservation and sustainable use of marine biological diversity of areas beyond national jurisdiction.* New York: United Nations, 4 mar. 2023.

USBOEM – UNITED STATES BUREAU OF OCEAN ENERGY MANAGEMENT. *Documentation for Impact-Producing Factors in the Offshore Wind Cumulative Impacts Scenario on the South Atlantic Outer Continental Shelf.* OCS Study 2021-043. Sterling, VA: US Department of the Interior, 2020.

USCEQ – UNITED STATES COUNCIL OF ENVIRONMENTAL QUALITY. *Considering Cumulative Effects Under the National Environmental Policy Act.* Washington, DC: CEQ, 1997.

USCEQ – UNITED STATES COUNCIL OF ENVIRONMENTAL QUALITY. *Collaboration in NEPA – A Handbook for NEPA Practitioners.* Washington, DC: CEQ, 2007.

USCEQ – UNITED STATES COUNCIL OF ENVIRONMENTAL QUALITY. *National Environmental Policy Act Implementing Regulations.* Washington, DC: CEQ, 2022.

USNPS – UNITED STATES NATIONAL PARK SERVICE. *Glen Canyon National Recreation Area, Off-Road Vehicle Management Plan, Final Environmental Impact Statement.* [S. l.]: US Department of the Interior, 2017.

USEPA – UNITED STATES ENVIRONMENTAL PROTECTION AGENCY. Office of Federal Activities. *Consideration of Cumulative Impacts in EPA Review of NEPA Documents* (2252A). EPA 315-R-99-002. Washington, May 1999.

VAN DER HEIJDEN, K. *Scenarios: The Art of Strategic Conversation.* 2 ed. Chichester: John Wiley & Sons, 2005.

VILELA, T; HARB, A. M.; BRUNER, A.; ARRUDA, V. L. S.; RIBEIRO, V.; ALENCAR, A. A. C.; GRANDEZ, A. J. E.; ROJAS, A.; LAINA, A.; BOTERO, R. A better Amazon road network for people and the environment. *Proceedings of the National Academy of Sciences,* v. 117, p. 7095-7102, 2020.

VILARDO, C.; LA ROVERE, E. L. Multi-project environmental impact assessment: insights from offshore oil and gas development in Brazil. *Impact Assessment and Project Appraisal,* v. 36, p. 358-370, 2018.

WALKER, B.; GUNDERSON, L.; KINZIG, A.; FOLKE, C.; CARPENTER, S.; SCHULTZ, L. A handful of heuristics and some propositions for understanding resilience in social-ecological systems. *Ecology and Society,* v. 11, n. 1, 2006.

WALKER, L. J.; JOHNSTON, J. *Guidelines for the Assessment of Indirect and Cumulative Impacts as well as Impact Interactions.* Luxemburg: Office for Official Publications of the European Communities, 1999.

WALKER, P.; IRRAZÁBAL, R. Los efectos acumulativos y el Sistema de Evaluación de Impacto Ambiental. *Revista de Derecho Ambiental,* año IV, n. 6, p. 67-91, 2016.

WALTON, T. *Southern Gobi Regional Environmental Assessment*. Mongolia Discussion Papers, East Asia and Pacific Sustainable Development Department. Washington, DC: World Bank, 2010.

WARD, B.; DUBOS, R. *Only One Earth*. New York: W.W. Norton & Company, 1972.

WARD, M.; ASHMAN, K.; LINDENMEYER, D.; LEGGE, S.; KINDLER, G.; CADMAN, T.; FLETCHER, R.; WHITEROD, N.; LINTERMANS, M.; ZYLSTRA, P.; STEWART, R.; THOMAS, H.; BLANCH, S.; WATSON, J. E. M. The impacts of contemporary logging after 250 years of deforestation and degradation on forest-dependent threatened species. *BioRxiv*, 2023. DOI: 10.1101/2023.02.22.529603.

WATSON, O. J.; BARNSLEY, G.; TOOR, J.; HOGAN, A. B.; WINSKILL, P.; GHANI, A. C. Global impact of the first year of COVID-19 vaccination: a mathematical modelling study. *Lancet Infectious Diseases*, v. 22, p. 1293-302, 2022.

WMO – WORLD METEOROLOGICAL ORGANIZATION. *State of the Global Climate in 2022*. Geneva: WMO, 2023.

WORLD BANK. *Sample guidelines*: Cumulative environmental impact assessment for hydropower projects in Turkey. Ankara: World Bank, 2012.

WORLD BANK. *The World Bank Environmental and Social Framework*. Washington, DC: World Bank, 2017.

WORLD BANK. *Nepal Country Climate and Development Report*. Washington, DC: World Bank, 2022.

WSDOT – WASHINGTON STATE DEPARTMENT OF TRANSPORTATION. *Environmental Manual*. Chapter 412: Indirect and Cumulative Effects. Washington, DC: Department of Transportation, 2022.

ÍNDICE REMISSIVO

A

acúmulo
 espacial 23
 temporal 23, 24
adensamento (urbano)
 urbano 19, 82, 188
agricultura 25, 26, 130, 137, 159, 170, 183
Alemanha 25
Alto Maipo (rio) 117, 118, 120, 121, 127, 151, 152
Amapá 52, 130
Amazônia 49, 52, 57, 58, 151
Amulsar (mina de ouro) 122, 127, 160, 175
Apalaches 106, 141
aquífero 19, 130, 170
Armênia 122, 123, 124
Austrália 104, 199
avaliação
 ambiental estratégica 17, 30, 35, 37, 46, 201
 ambiental integrada 47, 54, 96

B

base de referência 67, 70, 77, 112, 113, 115, 116
bases móveis de referência 104, 115, 116
bioacumulação 26, 141
biodiversidade 17, 56, 86, 87, 95, 106, 136, 140, 146, 154, 161, 186, 189
BR-163 58
BR-319 51

C

Canadá 26, 27, 28, 29, 40, 42, 43, 46, 63, 64, 72, 83, 84, 103, 115, 129, 139, 194, 200
carvão 46, 199
cenário 54, 58, 69, 70, 103, 104, 106, 107, 108, 133, 134, 135, 136, 137, 138, 139, 142, 148, 150, 151, 166, 167, 168, 170, 171, 173, 178, 179, 184, 186, 195, 196
cenário contrafactual 135, 136, 137, 148
Chaco paraguaio 47, 82, 95, 106
China 153, 154, 157
cobertura da terra 19, 23, 52, 58, 103, 115, 129, 130, 131, 137, 139, 155, 156, 159
compensação 75, 137, 169, 173, 187, 189, 193
Congonhas (Minas Gerais) 82, 92, 93, 94, 106
conhecimento ecológico tradicional 117
consulta 92, 108, 109, 110, 162, 178

Convenção-Quadro das Nações Unidas sobre Mudanças Climáticas 10, 154
Convenção sobre Diversidade Biológica 10
Cupari (rio) 96

D

descaracterização de barragens 90, 95, 143, 144, 145, 146, 147, 156, 163, 164, 165, 189, 191
diagnóstico focado 70, 77
disponibilidade hídrica 19, 135, 149, 188

E

efeitos indiretos 68, 150, 155, 157
Espanha 25
Estados Unidos 14, 16, 17, 24, 25, 26, 28, 40, 61, 62, 63, 64, 67, 72, 83, 101, 106, 129, 141, 148, 154, 182, 183, 186, 199, 201
Europa 25, 154

F

faturamento hidráulico 141, 150
finalidade (da AIC) 53, 54, 57, 58, 69, 83, 89, 109

G

gás 40, 57, 81, 105, 106, 141, 142, 150, 183, 197, 199
gestão adaptativa 67, 181, 200, 201, 202
Guadalquivir (rio) 25

H

hábitat 19, 25, 28, 29, 32, 46, 82, 84, 86, 87, 88, 95, 102, 104, 122, 123, 125, 126, 127, 146, 154, 161, 162, 168, 174, 186, 188, 193, 195, 196
hidrelétrico
    potencial 51, 184, 186
    projeto 29, 83, 85, 87, 96, 103, 105, 117, 120, 126, 152, 168, 177, 184, 185, 186, 195, 196
hierarquia de mitigação 75, 182, 202

I

incerteza 71, 103, 107, 110, 138, 156, 170, 200
indicador 24, 63, 67, 71, 72, 92, 136, 151, 153, 154, 155, 156, 157, 158, 160, 163, 164, 165, 191
indutores de mudança 61, 70, 71, 73, 79, 81, 82, 85, 95, 98, 101, 106, 111, 113, 114, 115, 125, 126, 130, 131, 133, 134, 137, 139, 156, 161, 171, 183, 187
integridade ecológica 127, 168, 184, 186
Itália 137

J

Jacarta (Indonésia) 25
Jari (rio) 130
Jordânia 29, 86, 88, 106, 177

L

limiar regulatório 72, 160, 177, 178, 183
limites (limiares) aceitáveis de mudança 72, 74, 76, 178, 179, 183
linha de transmissão 19, 37, 75, 83, 117

M

MapBiomas 129, 137, 159
Minas Gerais 54, 57, 82, 88, 89, 92, 137, 156, 166, 189
mineração 32, 46, 49, 56, 75, 81, 82, 87, 88, 90, 92, 98, 101, 129, 130, 137, 143, 144, 146, 147, 148, 151, 164, 166, 167, 168, 169, 170, 172, 175, 176, 183, 189, 191, 195, 196, 199
Mongólia 46, 106

monitoramento
    ambiental 36, 75, 194, 197
    de impactos cumulativos 76, 195, 202
mudanças climáticas 17, 20, 32, 36, 82, 83, 123, 125, 161, 195

N
Nepal 29, 82, 85, 87, 126, 166, 168, 185, 195
Nu (rio) 153, 154, 157

P
Padrões de Desempenho 36, 39, 40, 48, 54, 55, 65, 91, 122, 123
paisagens dinâmicas 137, 156
Paquistão 186
Pará 23, 32, 103, 130
Paraíba do Sul (rio) 129
parque eólico 29, 54, 83, 86, 106, 141, 142, 148, 149, 177, 183, 201
partes interessadas 38, 54, 66, 69, 77, 86, 87, 92, 93, 108, 109, 110, 111, 178, 198, 199
participação 49, 108, 109, 110, 198, 199, 201
peixes 21, 24, 26, 83, 86, 87, 126, 154, 177, 186, 190, 194, 195, 196
pequena central hidrelétrica (PCH) 154, 156
petróleo 40, 45, 52, 53, 54, 57, 92, 193
plano diretor 110
Portugal 15
projeto pioneiro 35, 38, 49, 50, 51, 52, 53, 58, 98, 101, 103, 105, 151, 168
propósito (da AIC) 54, 57, 58

Q
qualidade do ar 19, 44, 72, 84, 91, 92, 93, 94, 100, 145, 146, 177, 178, 198

R
Reino Unido 97
resiliência 32, 61, 70, 71, 73, 74, 121, 122, 123, 125, 131, 134, 162, 187, 188
restauração 117, 137, 138, 170, 173, 174, 188, 189, 190, 196
rodovia 18, 19, 35, 38, 40, 46, 47, 49, 51, 58, 67, 68, 81, 82, 83, 94, 100, 101, 138, 151, 162, 183

S
São Francisco (rio) 44
serviços
    ecossistêmicos 136, 137, 139, 146, 161
    públicos 19, 92, 93, 146, 174, 190, 192

T
Tafila (Jordânia) 19, 106
Trishuli (rio) 85, 126, 127, 166, 168, 184, 185, 190, 199
turismo 81, 88, 161, 162, 174, 196

U
usina hidrelétrica 37
uso do solo 47, 48, 69, 82, 92, 137, 138, 139, 140

V
vazão reduzida 118, 119, 154, 155, 157
vias públicas 19, 56, 90, 92, 94, 143, 144, 146, 163, 165, 192
vulnerabilidade 32, 61, 71, 74, 114, 121, 122, 125, 127, 131, 134, 171, 175, 177, 179, 187

Z
zoneamento 110, 138, 139